机电专业"十三五"规划教材

钳工工艺与技能

主　编　杨新田
副主编　刘志璟　张晓东
主　审　胡宗政

U0334262

兵器工业出版社

内容简介

　　本书是面向装备制造类各专业以"理论够用、注重实践技能"的教学需要而编写的，内容包括：钳工常用设备、钳工基本技能、装配钳工和综合技能与检测。书后附录部分摘编了教材内容涉及的国家相关标准，在学习中可供方便地查阅相关资料。全书以工作过程为导向，以钳工相关工作必备的基础知识、职业技能、综合素质为主线组织内容，系统完整，操作性强，可读性强，适于理实一体化教学。

　　本书可作为应用型本科、职业院校机电类、汽车类、近机类各专业相关课程的教材，也可以作为中职及技师（技工）学校机械类各专业作为教学用书，还可作为机电类企业员工职业技能培训用书和社会学习者的参考用书。

图书在版编目（CIP）数据

　　钳工工艺与技能 / 杨新田主编. -- 北京 ：兵器工业出版社，2018.8
　　ISBN 978-7-5181-0434-5

　　Ⅰ. ①钳… Ⅱ. ①杨… Ⅲ. ①钳工－工艺 Ⅳ.
①TG9

　　中国版本图书馆 CIP 数据核字（2018）第 177074 号

出版发行：兵器工业出版社	责任编辑：陈红梅　杨俊晓
发行电话：010-68962596，68962591	封面设计：赵俊红
邮　　编：100089	责任校对：郭　芳
社　　址：北京市海淀区车道沟 10 号	责任印制：王京华
经　　销：各地新华书店	开　　本：787×1092　1/16
印　　刷：廊坊市广阳区九洲印刷厂	印　　张：16.5
版　　次：2020 年 4 月第 1 版第 2 次印刷	字　　数：371 千字
印　　数：1 - 3000	定　　价：48.00 元

前　言

　　钳工技能是装备制造类各专业从业者必备的基本技能之一。本书配合各专业钳工相关课程的教学，使学生掌握从事机电产品的制造、装配、维护维修所必需的钳工基础知识、方法和技能，培养学生安全文明生产所必须的职业素质，吃苦耐劳的踏实作风和严谨认真的工匠精神，良好的职业道德和综合职业能力，为从事专业工作和适应岗位能力需求，以及学习新技术、创新创业打下坚实的基础。

　　本书主要包括钳工常用设备、钳工基本技能、装配钳工和综合技能与检测。本书按项目式教学法的体例编写，教学目标明确。在内容安排上，以"理论知识够用，侧重操作方法与技能"的原则编写，精选有"实践与提高"案例，操作性强，适于开展理实一体化教学。教材的编撰尽可能贴合专业，重在实践技能培养，文字简练，图文并茂。

　　全书由杨新田、刘志璟、张晓东老师编写，胡宗政教授主审。杨新田任主编并完成项目二之任务五、任务六以及项目四、附录部分的编写，项目一及项目二之任务一至任务四由刘志璟老师编写，项目二之任务七及项目三由张晓东老师编写。本书的相关资料和售后服务可扫本书封底的微信二维码或与QQ（2436472462）联系获得。

　　由于时间仓促及作者水平有限，书中难免存在不妥之处，敬请各位老师、专家和读者批评指正。

编　者

前 言

目 录 Catalog

项目一

钳工及常用设备

任务一　钳工基本知识

任务目标

【知识目标】

（1）了解钳工的概念、工作范围、分类、钳工操作的基本技能。

（2）明确钳工实训的基本任务，理解钳工实训的意义。

（3）熟悉钳工实训的安全常识，应遵守的规章制度，确保安全文明实训。

【技能目标】

（1）能自觉将实训守则的相关要求贯彻到日常教学中，保障人身、设备、工量具的安全。

（2）能辨识钳工实训场所设备布局的合理性，能在实训中自觉遵守安全文明生产的具体要求。

知识与技能

钳工是指以手工工具为主，从事零件的加工、修整，部件和机器的装配和调试，机电设备的维护、修理等的工种。由于钳工的基本操作大多在台虎钳上进行，故称钳工。

钳工工作的特点是：以手工操作为主，劳动强度大，生产效率低，对工人技术要求高，但工具相对简单，操作灵活方便，可以完成某些机械加工难以实现的工作，因而得到广泛应用。

一、钳工分类

根据工作性质的不同，钳工分为划线钳工、模具钳工、装配钳工、维修钳工、工具钳工等。

（1）划线钳工：主要为零件的加工进行相关的划线、找正操作。

（2）装配钳工：主要负责机电设备的装配、调试工作，保证产品相应质量指标的实现。

（3）维修钳工：担负各种设备的维护和故障的排除、修理工作。

（4）模具钳工：主要工作是模具制造、修理、维护以及更新，除此之外，也包括各种夹具、钻具、量具的制作与维护，某些行业还要求模具钳工有能力对一些有特殊要求的工装设备进行设计、加工、组装、测试、校准等。

（5）工具钳工：进行刃具、量具、模具、夹具、辅具等（统称工具，亦称工艺装备）零件的加工和修整，组合装配，调试与修理。

二、钳工基本技能

各种钳工尽管专业分工不同，但都必须掌握钳工的基本操作，如划线、锯削、锉削、錾削、刮削、钻孔、扩孔、铰孔、攻丝、套丝等这些基本技能。

三、钳工实训的主要任务

钳工实习的教学特点是理论与实践相结合，在实践中巩固理论知识、掌握基本的钳工操作技能，培养从事相关职业必需的职业素质和岗位技能。钳工实习的任务主要有以下几个方面。

（1）常用设备的正确使用和维护保养。

（2）常用工具、量具的正确使用和维护保养。

（3）熟悉钳工的各项基本操作，掌握一定的基本技能。

（4）培养职业岗位必需的安全文明生产方面的知识和技能。

四、钳工实训守则

学生进入实训场地，指导教师首先必须对其进行安全教育，使学生增进安全意识、培养敬业精神，让学生明白和牢记实训守则和安全操作规程，消除安全隐患，预防安全事故，同时培养学生吃苦耐劳、严谨认真、诚实守信的敬业精神。

钳工实训守则包括：

（1）着装整齐，穿好工作服、安全鞋，不得穿背心、短裤、拖鞋等进入实训场所。

（2）遵守作息时间，按时上下课，不得迟到、早退、旷课、随意请假。

（3）服从指导老师的安排，不准串岗，不得在实训场所嬉戏打闹，不准随意触碰、挪动电器控制设备和消防设施。

（4）严格遵守安全管理规章制度，穿戴好防护用品，无安全防护不得进入工位进行操作。

（5）及时预习，认真听讲，用心观摩，熟悉和掌握操作工艺和安全规程，不得违规操作，损坏东西要赔偿。

（6）爱护设备、仪器、工量具，节约材料，不准将实训用品、用具、材料等公物随意带出实训场所。

（7）保持实训场所整洁美观，工具、量具、仪器、材料要摆放整齐，不准乱丢果皮和杂物，垃圾废物要及时清理干净。

（8）按时保质保量、独立认真完成实训任务，不得代做代考，弄虚作假。

（9）实训结束，及时清洁工作场地，注意关门关电，防水防火，确保实训场所安全。

五、安全文明生产

通常，安全文明生产需要注意以下几项。

（1）钳台要安置在便于工作和光线适宜的地方；钻床和砂轮机一般应安装在场地的边沿，以保证安全。

（2）使用的机床、钻床、砂轮机、手电钻、虎钳等要经常检查，发现损坏要及时上报，在未修复前不得使用。

（3）使用电动工具时，要有绝缘防护和安全接地措施；清除切屑要用刷子，不要直接用手清除或用嘴吹。

（4）毛坯和加工零件应放置在规定的位置，排列整齐；应便于取放，并避免碰伤已加工表面。

（5）在钳台上工作时，工量具应分类摆放整齐，且右手用的工量具应放在右边，左手用的工量具应放在左边，以方便取用。工量具不能使其伸出钳台边以外，以免跌落损坏。

（6）量具不能与工具或工件混放在一起，应放在量具盒内。工量具收藏时要整齐地放入工具箱内，不能任意堆放，以防损坏和取用不便。

实践与提高

（1）能顺利通过实训安全常识测试。

（2）能在实训过程中自觉遵守钳工实训守则，预防杜绝安全事故发生，保证安全文明实训。

检测与评价

安全实训常识测试。

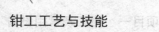
任务二　钳工常用设备

任务目标

【知识目标】

（1）了解钳工场地设备的布局要求及特点。

（2）熟悉钳工实训安全文明生产对钳工常用设备的各项基本要求。

（3）理解并掌握钳桌、台虎钳、钻床、砂轮机等设备的规格、功用、结构、工作原理等方面的基本知识。

【技能目标】

（1）掌握台虎钳、钳桌的正确使用方法，日常维护保养、清洁等操作。

（2）理解并初步掌握钻床、砂轮机的安全操作规程及正确使用方法。

知识与技能

一、虎钳

（一）虎钳的功用

钳工常用的虎钳分为台虎钳和机用虎钳（平口钳）。台虎钳安装在钳台上，用以夹持被加工工件，是钳工车间必备的通用夹具（本书中所说的虎钳，一般指台虎钳）。在钳台上安装台虎钳时，必须使固定钳身的工作面（钳口所在的竖直面）处于钳台边缘以外，以保证夹持较长工件时，工件的下端不受钳台边缘的阻挡。

（二）虎钳的规格

台虎钳上用来夹持工件的部位叫钳口，其工作面上制有交叉的网纹，使工件在夹紧时不易产生滑动。台虎钳的规格用钳口宽度来表示，常用的有 100 mm（4 in）、125 mm（5 in、150 mm（6 in）、200 mm（8 in）等几种规格。

（三）虎钳的分类

台虎钳有固定式（图 1-1a）和回转式（图 1-1b）两种。回转式台虎钳由于使用较方便，故应用较广。

机用虎钳的结构、工作原理与回转式台虎钳相似，只是转座底部是平的，用于在钻床等机床上夹持工件。

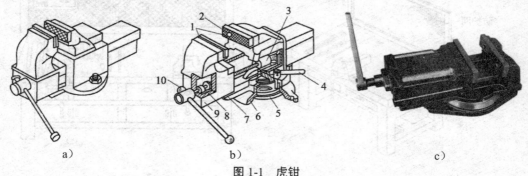

图 1-1　虎钳

a）固定式台虎钳；b）回转式台虎钳；c）机用虎钳

1-钳口；2-螺钉；3-螺母；4-手柄；5-夹紧盘；6-转盘座；

7-固定钳身；8-丝杠；9-活动钳身；10-手柄

（四）虎钳的使用与维护

通常，虎钳的使用与维护需要注意以下几点。

（1）用台虎钳夹持工件时松紧要适当，只能用手扳紧手柄，不得借助其他加力工具。工件高出钳口的部分不要过高，以免加工时产生振动。

（2）强力作业时，应尽量使力朝向固定钳身的方向。

（3）不允许在活动钳身和光滑平面上进行敲击作业。

（4）对丝杠、螺母等活动表面应经常清洗、润滑，以防生锈和加速磨损。

（5）下班时应及时松开手柄，取下工件，使台虎钳处于放松状态。

二、钳桌

（一）钳桌的功用

钳桌也称钳台或钳工台（图 1-2），用来安装台虎钳，放置工具、量具及工件等。它是钳工工作的主要设备。

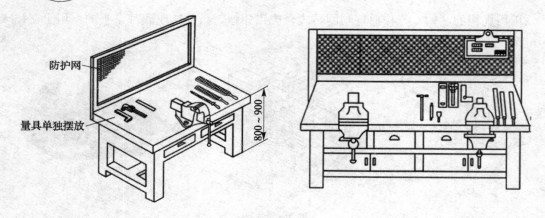

防护网

量具单独摆放

800～900

图 1-2　钳桌

（二）钳桌的规格

钳桌用木材或钢材制成，高度 800～900 mm，装上台虎钳后，钳口高度以恰好齐人的手肘为宜，长度和宽度可随工作需要而定。钳桌一般都有几个抽屉，用来收藏工具。

（三）钳桌的使用与维护

通常，钳桌的使用与维护需要注意以下几点。
（1）钳桌上应安装防护网，以防发生意外伤人事故。
（2）不准直接在桌面上进行敲击操作。

三、砂轮机

（一）砂轮机的功用

砂轮机是用来刃磨各种刀具、工具的常用设备，可用来刃磨錾子、钻头、刮刀等刀具或样冲、划针等其他工具，也可用来磨去工件或材料上的毛刺、锐边等。

（二）砂轮机的结构

砂轮机（图 1-3）主要是由基座、砂轮、电动机或其他动力源、托架、防护罩等所组成。其中砂轮常用的有两种，一种是白色氧化铝砂轮，可用来刃磨高速钢及碳素工具钢刀具；另一种是绿色碳化硅砂轮，可用来刃磨硬质合金刀具。

图 1-3 砂轮机

a）台式；b）立式

（三）砂轮机的安全操作规程

通常，砂轮机的安全操作规程主要有以下几个。

（1）砂轮机的旋转方向要正确，只能使磨屑向下飞离砂轮。

（2）砂轮机启动后，应在旋转平稳后再进行磨削。若砂轮机跳动明显，应及时停机修整。

（3）磨削时应戴好防护眼镜，站在砂轮机的侧面或斜侧位置，且用力不宜过大，不准两人同时在一块砂轮上进行刃磨操作。

（4）砂轮应保持干燥，不得沾水、沾油。

（5）禁止磨削紫铜、铅、木头等较软的材料，以防砂轮嵌塞。

（6）砂轮机用完后，应及时切断电源。

四、钻床

（一）钻床的功用

钻床是在工件上进行钻孔、扩孔、锪孔、铰孔和攻丝等操作的设备。通常钻头旋转为主运动，钻头轴向移动为进给运动。加工过程中工件不动，刀具转动，将刀具中心对正孔中心，并让刀具移动，从而完成钻孔加工。

（二）钻床的分类

根据结构和用途，钻床可分为台式钻床（图1-4）、摇臂钻床（图1-5）、立式钻床、手电钻等。台式钻床是钳工最常使用的孔加工设备。

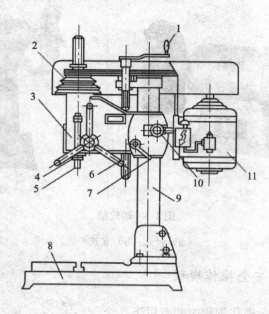

图 1-4　台式钻床

1-机床升降手柄；2-带轮；3-头架；4-锁紧螺母；5-主轴；6-进给手柄；
7-锁紧手柄；8-底座；9-立柱；10-紧固螺钉；11-电动机

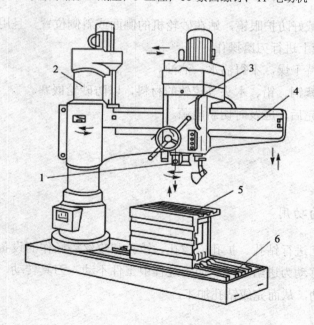

图 1-5　摇臂钻床

1-主轴；2-立柱；3-进给手柄；4-主轴；5-工作台；6-底座

（三）台式钻床

台式钻床简称台钻，是一种体积小巧，操作简便，通常安装在专用工作台上使用的小型孔加工机床。台式钻床钻孔直径一般在 13 mm 以下。

台式钻床主要由主轴架、主轴、立柱、进给手柄、三角带传动装置、电动机、底座、控制开关等组成。整个主轴架连同固定在其上的各组成部分可在立柱上做上下移动或绕立柱转动并紧固，以调整加工位置。底座用来安装立柱并支承台钻的其他部分，其上带 T 形槽的台面是用来安放平口钳或工件的。其主轴变速一般通过改变三角带在塔型带轮上的位置来实现，主轴进给靠手动操作。

实践与提高

（1）结合分组工作，确定各自的实习工位，整理并安放下发的个人工量具，辨识钳工实训场地布局，体会钳工实训安全文明生产各项基本要求。

（2）台虎钳正确操作、注油等维护保养、清洁去污、结构拆装等实践练习。

（3）钻床、砂轮机的结构、运动认知，基本操作实践练习。

任务三　钳工常用量具

任务目标

【知识目标】

（1）了解测量相关的基础知识，熟悉常用长度单位之间的换算关系。

（2）熟悉钢直尺的结构、功用、刻线原理。

（3）熟悉游标类量具的结构、功用、工作原理、读数原理。

（4）熟悉千分尺、百分表的结构、功用、工作原理、读数原理。

【技能目标】

（1）掌握钢直尺的正确使用方法。

（2）掌握游标卡尺、千分尺的正确使用方法、读数方法、日常维护保养方法。

（3）掌握百分表的正确使用方法、安装方法、读数方法、日常维护保养方法。

知识与技能

用来测量、检验零件和产品尺寸及形状的工具被称为量具。

所谓测量，是指将被测量（未知量）与已知的标准量进行比较，以得到被测量大小的过程，是对被测量对象定量认识的过程。为了保证产品质量，必须对加工中及加工完毕的工件进行严格的测量。

一、量具的种类

量具的种类很多，根据其用途和特点，可分为三种类型。

（1）万能量具，也称通用量具。这类量具一般都有刻度，在测量范围内可以测量零件和产品形状及尺寸的具体数值，如钢直尺、游标卡尺、千分尺、游标万能角度尺等。

（2）专用量具。这类量具不能测量出实际尺寸，只能测定零件和产品的形状及尺寸是否合格，如塞尺、量规等。

（3）标准量具。标准量具是只能制成某一固定尺寸，用来校对和调整其他量具的量具，如量块等。

其中，根据工作原理，凡利用尺身和游标刻线间长度之差原理制成的量具，统称为游标量具。应用游标读数原理制成的量具有：游标卡尺、高度游标卡尺、深度游标卡尺、游标量角尺（如万能量角尺）和齿厚游标卡尺等，用以测量零件的外径、内径、长度、宽度、厚度、高度、深度、角度以及齿轮的齿厚等，应用范围非常广泛。

二、长度单位基准

长度单位基准为米（m）。常用的长度单位名称及其与基准米的换算关系如表所示。

表 1-1　常用长度单位的名称和代号

单位名称	米	分米	厘米	毫米	微米
代号	m	dm	cm	mm	μm
对基准单位的比	基准单位	10^{-1} m	10^{-2} m	10^{-3} m	10^{-6} m

在实际工作中，有时会用到英制尺寸，其长度的基本单位是码，其他单位有英尺（ft）、英寸（in）等，换算关系如下：

1 yd=3 ft　　　　　　　　1 ft =12 in

在机械制造中，英制尺寸的常用单位是 in，并且用整数或分数表示。例如，1.3 ft 写成 $15\frac{3}{5}$ in。

为了工作方便，可将英制尺寸换算成米制尺寸，其换算关系是：1 in=25.4 mm。例如，$\frac{3}{8}$ in=$\frac{3}{8}$×25.4 mm=9.525 mm。

三、钳工常用量具及量仪

（一）钢直尺

1. 钢直尺的结构及规格

钢直尺是用不锈钢片制成的，尺面刻有米制或英制尺寸，常用的是米制钢直尺，如图1-6所示。它的刻度值为 0.5 mm 和 1 mm，长度有 150 mm，300 mm，500 mm 和 1000 mm 四种规格。

图1-6　150 mm 钢直尺

2. 钢直尺的功用

钢直尺用于测量零件的长度尺寸，如图1-7所示，它的测量结果不够准确。这是由于钢直尺的刻线间距为 0.5 mm 或 1 mm，而刻线本身的宽度就有 0.1～0.2 mm，所以测量时读数误差比较大。

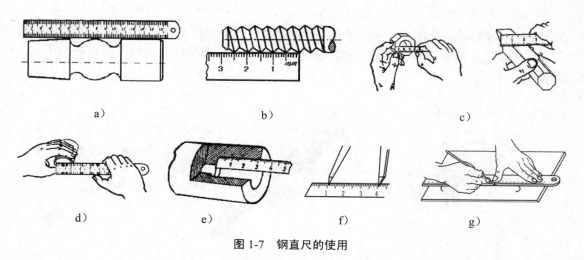

图1-7　钢直尺的使用

a）量长度；b）量螺距；c）量宽度；d）量直径；e）量深度；f）量取尺寸；g）划线

（二）游标卡尺

1. 游标卡尺的结构

游标卡尺是一种常用的量具，具有结构简单、使用方便、精度中等和测量尺寸的范围大等特点，如图 1-8 所示为常见的游标卡尺，其主要由尺身、内量爪、尺框、紧固螺钉、测深杆、游标尺（副尺）和外量爪等组成。游标卡尺的精度有 0.1 mm、0.05 mm 和 0.02 mm 三种。

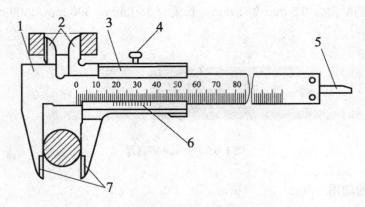

图 1-8　游标卡尺的结构

1-尺身；2-内量爪；3-尺框；4-紧固螺钉；5-测深杆；6-游标尺（副尺）；7-外量爪

根据用途和读数方法，常用游标卡尺还有如图 1-9 所示的几种类型。其中电子数显卡尺及带表游标卡尺读数直观准确，使用方便而且功能多样，当电子数显卡尺测得某一尺寸时，数字显示部分就清晰地显示出测量结果。深度游标卡尺用来测量台阶的高度、孔深和槽深，高度游标卡尺用来测量零件的高度和划线，齿厚游标卡尺用来测量齿轮（或蜗杆）的弦齿厚或弦齿高。

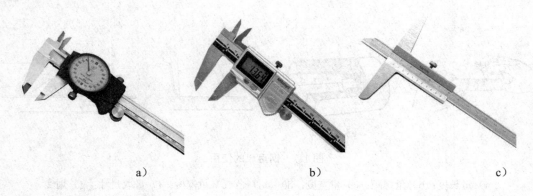

a)　　　　　　　　　　　　b)　　　　　　　　　　　　c)

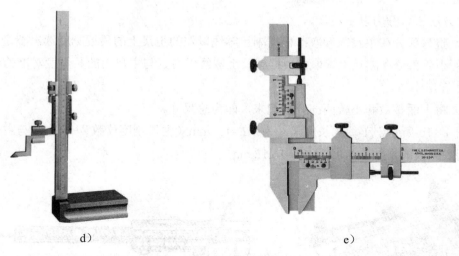

d)　　　　　　　　　　　　　　　　　e)

图 1-9　游标卡尺的其他类型

a）带表游标卡尺；b）电子数显游标卡尺；c）深度游标卡尺；d）高度游标卡尺；e）齿厚游标卡尺

2．游标卡尺的应用范围

如图 1-10 所示，利用游标尺可以测量零件的外径、内径、长度、宽度、厚度、深度和孔距等，应用范围很广。

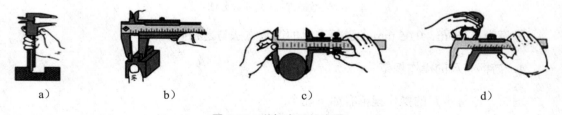

a）　　　　　　　　b）　　　　　　　　c）　　　　　　　　d）

图 1-10　游标卡尺的应用

a）测量深度；b）测量宽度；c）测量外径；d）测量内径

3．游标卡尺的读数原理与方法

以刻度值为 0.02 mm 的游标卡尺（图 1-11）为例，这种游标卡尺由带固定卡脚的主尺和带活动卡脚的副尺（游标）组成。主尺上的刻度以 mm 为单位，每 10 格分别标以 1，2，3，…，以表示 10，20，30，…（mm）；副尺的刻度是把对应主尺刻度为 49 mm 的长度，分为 50 等份，即副尺每格为：0.98 mm。

主尺和副尺的刻度每格相差：1－0.98=0.02 mm，即测量精度为 0.02 mm。

如果用这种游标卡尺测量工件，测量前，主尺与副尺的零线是对齐的，测量时，副尺相对主尺向右移动，若副尺的第 1 格正好与主尺的第 1 格对齐，则工件的厚度为 0.02 mm。同理，测量 0.06 mm 或 0.08 mm 厚度的工件时，应该是副尺的第 3 格正好与主尺的第 3 格对齐或副尺的第 4 格正好与主尺的第 4 格对齐。

读数方法，可分为以下三步。

（1）整数部分在主尺上读取：根据副尺零线以左的主尺上的最近刻度读出整毫米数。

（2）小数部分在副尺上读取：根据副尺上零线以右且与主尺上的某刻度对准的刻线数乘以 0.02 读出小数。

（3）将上面整数和小数两部分加起来，即为总尺寸。

如图 1-11b 所示，工件的长度尺寸为：L=16 mm（主尺刻度读数）+6 格（与主尺刻线对齐的副尺刻线的格数）×0.02 mm=16.12 mm

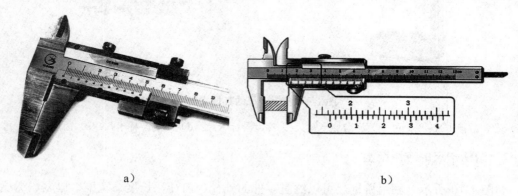

a)   b)

图 1-11   游标卡尺的读数原理与方法

a）读数原理；b）读数方法

精度为 0.1 mm、0.05 mm 的游标卡尺的读数方法与之相同。

4．游标卡尺的操作规范

通常，游标卡尺的操作规范有如下几个。

（1）根据被测工件的特点、尺寸大小和精度要求选用合适的游标卡尺类型、测量范围和分度值。

（2）测量前应将游标卡尺擦拭干净，并将两量爪合并，检查游标卡尺的精度状况；大规格的游标卡尺要用标准棒校准检查。

（3）测量时，被测工件与游标卡尺要对正，测量位置要准确，两量爪与被测工件表面接触松紧要合适，不能用力过大。

（4）读数时，要正对游标刻线，看准对齐的刻线，正确读数；不能斜视，以减少读数误差。

（5）严禁在毛坯面、运动工件或温度较高的工件上进行测量，以防损伤量具精度和影响测量精度。

（三）千分尺

1. 千分尺的结构与规格

千分尺是最常用的精密量具之一，按照用途不同可分为外径千分尺、内径千分尺、深度千分尺（图 1-12、图 1-13）、内测千分尺和螺纹千分尺等。千分尺的测量精度为 0.01 mm。

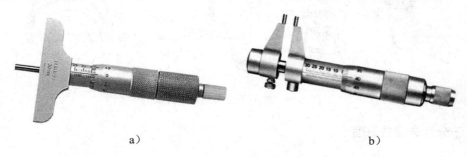

图 1-12　千分尺类型

a）深度千分尺；b）内径千分尺

图 1-13 为钳工常用的外径千分尺。外径千分尺的测量范围在 500 mm 以内时，每 25 mm 为一挡，如 0～25 mm，25～50 mm 等；测量范围在 500～1000 mm 时，每 100 mm 为一挡，如 500～600 mm，600～700 mm 等。

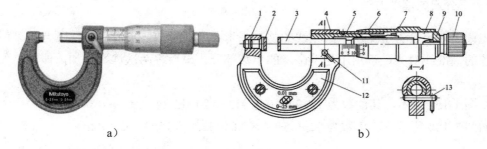

图 1-13　外径千分尺

a）实物；b）结构

1-尺架；2-测砧；3-测微螺杆；4-螺丝轴套；5-固定套筒；6-微分筒；7-调节螺母；
8-接头；9-垫片；10-测力装置；11-锁紧机构；12-绝热片；13-锁紧轴

2. 外径千分尺的测量方法

第一步：千分尺使用时轻拿轻放，被测物体需擦拭干净；

第二步：松开千分尺锁紧装置，校准零位，转动旋钮，使测砧与测微螺杆之间的距离略大于被测物体；

第三部：一只手拿住千分尺的尺架，将待测物置于测砧与测微螺杆的端面之间，另一

只手转动旋钮,当螺杆要接近物体时,改旋测力装置直至听到喀喀声后再轻轻转动0.5~1圈;

第四部:旋紧锁紧装置(预防移动千分尺时螺杆转动),即可读数。

外径千分尺的测量方法如图1-14所示。

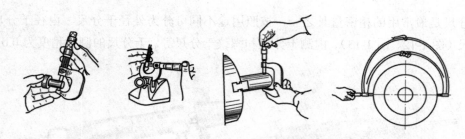

图1-14 外径千分尺的测量方法

3．千分尺的读数原理

千分尺的固定套管上刻有轴向中线,作为读数基准线,其上面一排刻线标出的数字表示毫米整数值,下面一排刻线未标注数字,表示对应上面刻线的半毫米值。即固定套管上下每相邻两刻线轴向长为0.5 mm。千分尺的测微螺杆的螺距为0.5 mm,当微分筒每转一圈时,测微螺杆便随之沿轴向移动0.5 mm。微分筒的外锥面上一圈均匀刻有50条刻线,微分筒每转过一个刻线格,测微螺杆沿轴向移动0.01 mm。所以千分尺的测量精度为0.01 mm。

4．千分尺的读数方法

先读出固定套管上露出来的刻线的整数毫米及半毫米数,再看微分筒哪一条刻线与固定套管的基准线对齐,读出不足半毫米的小数部分。最后将两次读数相加,即为工件的测量尺寸。

如图1-15a所示,其读数为12+24×0.01=12+0.24=12.24(mm);

如图1-15b所示,其读数为32+0.5+15×0.01=32.5+0.15=32.65(mm)。

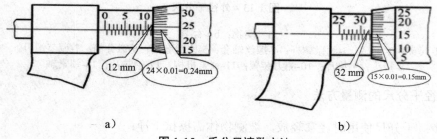

a) b)

图1-15 千分尺读数方法

5．千分尺的操作规范

通常,千分尺的操作规范有以下几个。

（1）使用前，应先把千分尺的两个测量面擦干净，转动测力装置，使两测量面接触，此时活动套筒和固定套筒的零刻度线应对准。

（2）测量前，应将零件的被测量面擦干净，不能用千分尺测量带有研磨剂的表面和粗糙表面。

（3）测量时，左手握千分尺尺架上的绝热板，右手旋转测力装置的转帽，使测量表面保持一定的测量压力。

（4）绝不允许旋转活动套筒（微分筒）来夹紧被测量面，以免损坏千分尺。

（5）注意测量杆与被测尺寸方向应保持一致，不可歪斜，并与测量表面接触良好。

（6）用千分尺测量零件时，最好在测量中读数，测毕经放松后，再取下千分尺，以减少测量杆表面的磨损。

（7）读数时，要特别注意不要读错主尺上的 0.5 mm。

（8）用后应及时将千分尺擦拭干净，放入盒内，以免与其他物件碰撞受损而影响精度。

（四）百分表

1. 百分表的结构及规格

百分表结构如图 1-16 所示，是一种指示式量仪，主要用来测量工件的尺寸、形状和位置误差，也可用于检验机床的几何精度或调整工件的装夹位置偏差（图 1-17），使用时应正确安装（图 1-18）。百分表的测量范围一般有 0～3 mm，0～5 mm 和 0～10 mm 三种。按制造精度不同，百分表可分为 0 级、1 级和 2 级。

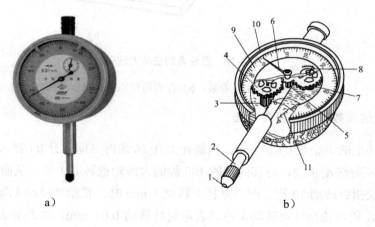

a）　　　　　　　　　　　　　b）

图 1-16　百分表

a）实物；b）结构

1-测头；2-量杆；3-小齿轮（16 齿）；4，7-大齿轮（100 齿）；

5-传动齿轮（10 齿）；6，8-大小指针；9-表盘；10-表圈；11-拉簧

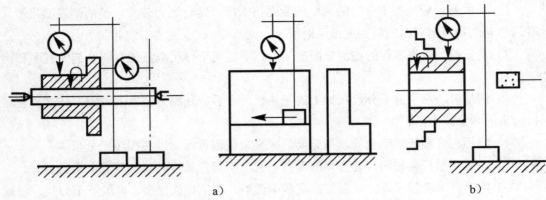

a)   b)

图 1-17   百分表的使用

a）测量误差；b）测量工件装夹位置偏差

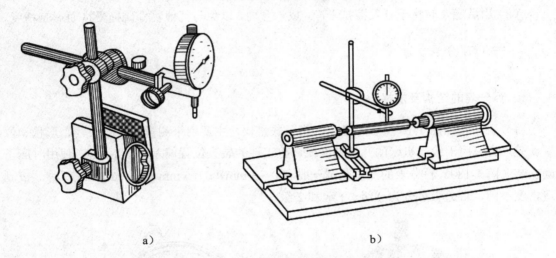

a)   b)

图 1-18   百分表的安装方法

a）在磁性表座上安装；b）在专用检验工具上安装

2. 百分表的读数原理与读数方法

百分表量杆上的齿距是 0.625 mm。当量杆上升 16 齿时（即上升 0.625×16＝10 mm），16 齿的小齿轮正好转动 1 周，与其同轴的 100 齿的大齿轮也转动 1 周，从而带动齿数为 10 的传动齿轮和长指针转动 10 周。即当量杆上移动 1 mm 时，长指针转动 1 周。由于表盘上共等分 100 格，所以长指针每转动 1 格，表示量杆移动 0.01 mm。故百分表的测量精度为 0.01 mm。测量时，量杆被推向管内，量杆移动的距离等于小指针的读数（测出的整数部分）加上大指针的读数（测出的小数部分）。

3．百分表的操作规范

通常，百分表的操作规范有以下几个。

（1）远离液体，不使冷却液、切削液、水或油与之接触。

（2）测量时，测量杆应垂直零件表面；测圆柱时，测量杆应对准圆柱轴线在的中心。测量头与被测表面接触时，测量杆应预先有 0.3～1 mm 的压缩量，以保持一定的初始测力，以免负偏差测不出来。

（3）读数时眼睛要垂直于表针，防止偏视造成读数误差。

（4）在不使用时，要摘下百分表，使表解除其所有负荷，让测量杆处于自由状态。

（5）应成套保存于盒内，避免丢失与混用。

（五）万能角度尺

1．万能角度尺的结构

万能角度尺的结构如图 1-19 所示，它主要由基尺、尺身（主尺）、直角尺、直尺、游标、制动器（锁紧螺钉）、扇形板、调节螺钮和卡块等组成。游标万能角度尺其测量范围分别为 0°～320°和 0°～360°。

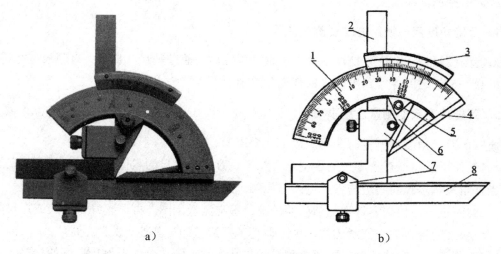

a）   b）

图 1-19　万能角度尺

a）实物；b）结构

1-主尺；2-直角尺；3-游标；4-基尺；5-制动器；6-扇形板；7-卡块；8-直尺

对于测量范围分别为 0°～320°的万能角度尺，图 1-20 所示为其正确的使用方法：当测量角度在 0°～50°范围内时，应装上角尺和直尺；在 50°～140°范围内时，应装上直尺；在 140°～230°范围内，应装上角尺；在 230°～320°范围内，不装角尺和直尺。

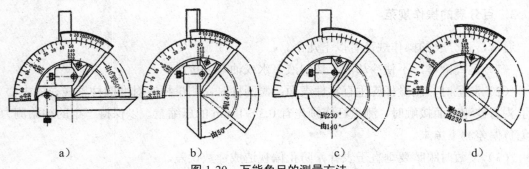

图 1-20 万能角尺的测量方法

a）0°～50°；b）50°～140°；c）140°～230°；d）230°～320°

2．万能角度尺的读数原理

尺身上刻线每格为 1°，游标上的刻线共有 30 格，平分尺身的 29°，则游标上每格为 29°/30，尺身与游标每格的差值为 2′，即万能游标量角器的测量精度为 2′。

3．万能角度尺的读数方法

万能游标量角器的读数方法同游标卡尺相似，先读取游标上零线以左的整度数，再从游标上读出与尺身刻线对齐的第 n 条刻线（游标零线除外），则角度值的小数部分为（n×2′），将两次数值相加，即为实际角度值。

4．万能角度尺的使用方法及测量范围

万能角度尺使用前应先校准零位。调整好零位后，通过基尺、直尺、直角尺进行组合，可测量 0°～320°之间 4 个角度段内的任意角度值。

5．万能角度尺的测量注意事项

通常，万能角度尺测量时应注意以下几个事项。

（1）使用前，检查角度尺的零位是否对齐。万能角度尺的零位，是直尺与直角尺均装上，当直角尺和基尺的底边与直尺无间隙接触，此时主尺与游标的"0"刻线对准。

（2）测量时，根据零件被测部位的情况，确定测量范围，再调整好直角尺或直尺的位置，用卡块上的螺钉把它们紧固住，再来调整基尺测量面与其他有关测量面。

（3）测量时，应使角度尺的两个测量面与被测件表面在全长上保持良好的接触，然后拧紧制动器上螺母进行读数。

（4）测量完毕后，应用汽油或酒精把万能角度尺擦拭干净，涂上防锈油，然后装入专用盒内存放。

实践与提高

游标卡尺、游标高度尺、千分尺、万能角度尺使用与读数练习。

项目 二

钳工基本技能

任务一　划线

任务目标

【知识目标】

（1）了解划线的概念、作用、种类。

（2）理解找正、借料、划线基准的概念及其在划线操作中的意义。

（3）熟悉常用划针、划针盘、划规、样冲、划线、平台、钢直尺、方箱、V形铁、千斤顶等划线工具、量具的结构、规格及其功用。

（4）熟悉基本线条的划线原理，划线的基本方法与步骤。

【技能目标】

（1）熟练掌握使用划针、划线盘、划规、高度游标尺等工具划线的基本操作技能和安全操作规范及其维护保养。

（2）掌握样冲、划线平台、钢直尺、角度尺、方箱、V形铁、千斤顶等划线辅助工具在划线操作中的正确选用与使用方法及其维护保养。

（3）掌握简单平面划线、立体划线的操作方法与步骤。

知识与技能

按图纸及尺寸的要求，在工件的毛坯或已加工表面上，准确地划出加工界限、中心线和其他标志线的钳工作业称为划线。单件和中、小批量生产中的铸、锻件毛坯和形状比较复杂的零件，在切削加工前通常需要划线。

一、划线的基本知识

（一）划线的作用

划线的作用主要有以下几个。

（1）确定毛坯上各孔、槽、凸缘、表面等加工部位的相对位置和加工面的界线，作为在加工设备上安装调整和切削加工的依据。

（2）对毛坯的加工余量进行检查和分配，确定毛坯外形尺寸是否合乎要求，及时发现和处理不合格的毛坯。

（二）划线的分类

划线主要有以下几种分类方法。

（1）平面划线。在工件或毛坯的一个平面上划线。

（2）立体划线。在工件或毛坯的长、宽、高等三个互相垂直的平面上或其他倾斜方向上划线。

（三）找正与借料

1. 找正

找正是指用划线盘、直角尺、卡钳等划线工具，通过调节支承工具，使工件或毛坯的有关表面与基准面之间处于合适的位置。

（1）找正的作用。通常，找正的作用主要有以下几个。

① 当毛坯件上有不加工表面时，通过找正后再划线，可使加工表面与不加工表面之间保持尺寸均匀。

② 当毛坯件上没有不加工表面时，将各个加工表面位置找正后再划线，可使各加工表面的加工余量得到均匀分布。

（2）找正的原则。当毛坯件上存在两个以上不加工表面时，其中面积较大、较重要的或表面质量要求较高的面应作为主要的找正依据，同时尽量兼顾其他的不加工表面。

这样经划线加工后的加工表面和不加工表面才能够达到尺寸均匀、位置准确、符合图纸要求，而把无法弥补的缺陷反映到次要的部位上去。

2. 借料

借料是指当工件或毛坯存在缺陷且用找正的方法不能补救时，可通过试划和调整，使加工余量合理分布，从而使各待加工表面都能顺利加工的相关操作。通常，借料主要有以下几个步骤。

（1）测量工件各部分尺寸，找出偏移的位置和偏移量的大小。

（2）合理分配各部分加工余量，然后根据工件的偏移方向和偏移量，确定借料方向和借料大小，划出基准线。

（3）以基准线为依据，划出其余线条。

（4）检查各加工面的加工余量，如发现有余量不足的现象，应调整借料方向和借料大小，重新划线。

（四）划线基准

划线时在工件上选择一个或几个面（或线）作为划线的依据，用来确定工件的几何形状和各部分相对位置，这样的面（或线）就是划线基准。

1. 常用划线基准

常用划线基准有以下几个。

（1）以两个互相垂直的平面为划线基准，如图 2-1a 所示。

（2）以一个平面和一个中心线为划线基准，如图 2-1b 所示。

（3）以两条互相垂直的中心线为划线基准，如图 2-1c 所示。

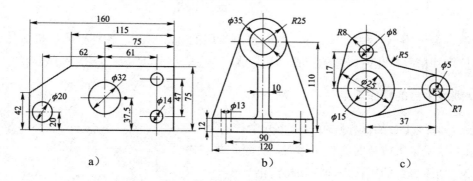

a) b) c)

图 2-1 划线基准

a）两个互相垂直的平面为划线基准；b）一个平面和一个中心线为划线基准；
c）两条互相垂直的中心线为划线基准

2. 划线基准的选择原则

通常，划线基准的选择原则有以下几个。

（1）可将零件图纸上标注尺寸的基准（设计基准）作为划线基准。

（2）如果毛坯上有孔或凸起部分，则以孔或凸起部分的中心作为划线基准。

（3）如果工件上只有一个已加工表面，应以此面作为划线基准。如果都是毛坯表面，

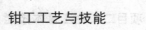
应以较平整的大平面作为划线基准。

二、划线工具

（一）划线平台

1. 划线平台的规格及功用

划线平台又称划线平板，如图2-2所示，主要由铸铁制成，工作表面经过刮削加工，用作划线时的基准平面。铸铁划线平台的规格有200 mm×300 mm、300 mm×400 mm、400 mm×400 mm、400×500等，到4000 mm×10000 mm系列尺寸，其质量等级分0级、1级、2级、3级。划线平台一般用木架搁置，放置时应使工作表面处于水平状态。

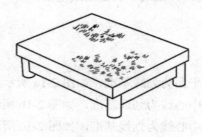

图2-2　平台

划线平台还用于各种检验工作，如精密测量用的基准平面，各种机床、机械的检验测量，零件尺寸精度、几何偏差的检查，是划线、测量、铆焊、工装工艺不可缺少的工作台。

2. 划线平台的操作规范

通常，划线平台的操作规范有以下几个。
（1）划线平板放置时应使工作表面处于水平状态。
（2）划线平台的工作表面应保持清洁。
（3）工件和工具在划线平台上应轻拿轻放，不可损伤其工作表面。
（4）不可在划线平台上进行敲击作业。
（5）划线平台用完后要擦拭干净，并涂上机油防锈。

（二）划针

1. 划针的结构及功用

划针由碳素工具钢制成，分为直划针和弯划针两种，如图2-3所示。其直径一般为φ3～

$\varphi 5$ mm，长度为 200～300 mm，尖端磨成 15°～20°的尖角，并经淬火处理提高硬度，使之不易变钝和磨损。有的划针在尖端部位焊有硬质合金，耐磨性更好。

划针是直接划线工具，常与钢直尺、样板或曲线板配合使用，在工件上划线条。

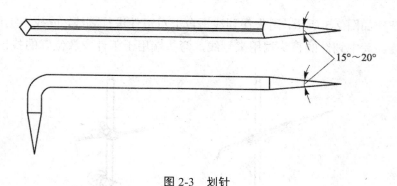

图 2-3　划针

2．划针的操作规范

通常，划针的操作规范有以下几个。

（1）在使用钢直尺和划针绘划连接两点的直线时，针尖要紧靠导向工具的边缘，并压紧导向工具。

（2）划线时，划针向划线方向倾斜 45°～75°，上部向外侧倾斜 15°～20°，如图 2-4 所示。

（3）针尖要保持尖锐，划线要尽量做到一次划成，线条宽度应在 0.1～0.15 mm 范围内，使划出的线条既清晰又准确。

（4）对铸铁毛坯划线时，应使用焊有硬质合金的划针尖，以减少磨损和变钝。

（5）不用时，划针不能插在衣袋中，最好套上塑料管，避免针尖露出伤人。

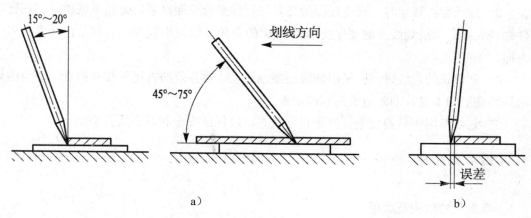

图 2-4　划针的用法

a）正确；b）错误

（三）划针盘

1. 划针盘的结构及功用

划针盘结构如图 2-5 所示，用来在划线平台上对工件进行划线，或找正工件在平台上的正确安放位置。其中划针的直头端用来划线，弯头端用于工件安放位置的找正。

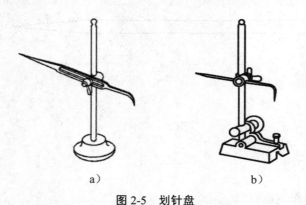

图 2-5　划针盘

a）普通划针盘；b）可调划针盘

2. 划针盘的操作规范

通常，划针盘的操作规范有以下几个。

（1）用划针盘划线时，划针应尽可能处于水平位置，不要倾斜太大，以免引起划线误差。

（2）划针伸出部分应尽量短一些，并要夹紧牢固，以免划线时产生振动和尺寸变动而影响划线精度。

（3）划线盘在移动时，底座底面始终要与划线平台平面贴紧，无摇晃或跳动。划针与工件划线表面之间沿划线方向要保持 45°～60°的夹角，以减小划线阻力和防止针尖扎入工件表面。

（4）划较长的直线时，应采用分段连接划法，以对各段的首尾作校对检查，避免因划针的弹性变形和本身移动而造成的划线误差。

（5）划线盘用毕后要使划针置于直立状态，以保证安全和减小所占空间。

（四）高度尺

1. 高度尺的结构及功用

如图 2-6a 所示为普通高度尺，由钢直尺和底座组成，用来给划线盘量取高度尺寸。

如图 2-6b 所示为游标高度尺，又称划线高度尺，由尺身、游标、划针脚和底盘组成。

它能直接表示出高度尺寸，读数精度一般为 0.02 mm，一般作为精密划线工具使用，常用于在半成品上划线。

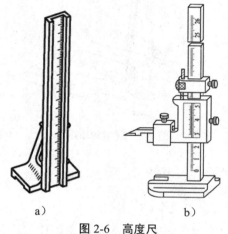

图 2-6　高度尺

a）普通高度尺；b）游标高度尺

2．高度尺的操作规范

通常，高度尺的操作规范有以下几个。

（1）游标高度尺作为精密划线工具，不得用于粗糙毛坯表面的划线。

（2）划线时，划线脚的爪尖在移动方向方向上应与划线平台保持 30°左右的夹角。

（3）用完以后应将游标高度尺擦拭干净，涂油装盒保存。

（五）划规

1．划规的结构及功用

划规如图 2-7 所示，是用来划圆、圆弧和等分线段，量取尺寸的工具，同时也是用来确定轴及孔的中心位置、划平行线的基本工具，如图 2-8 所示。

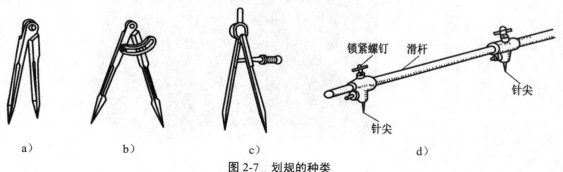

图 2-7　划规的种类

a）普通划规；b）扇形划规；c）弹簧划规；d）滑杆划规

图 2-8 划规的功用

2．划规的操作规范

通常，划规的操作规范有以下几个。

（1）用划规划圆时，对作为旋转中心的一脚应施加较大的压力，而用施加压力较轻的另一脚在工件表面划线。

（2）划规两脚的长短应磨得稍有不同，且两脚合拢时脚尖应能靠紧，这样才能划出较小的圆。

（3）为保证划出的线条清晰，划规的脚尖应保持尖锐。

（六）样冲

1．样冲的结构及功用

样冲用工具钢制成并经淬火处理，如图 2-9 所示。样冲主要用于在工件所划加工线条上打样冲眼（冲点），以免工件在搬运、装夹、放置过程中使所划的线变模糊而影响后续的加工。在划圆或钻孔前也要在圆心处打上样冲眼，以便定位中心，如图 2-9b 所示。

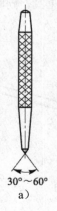

30°～60°
a)

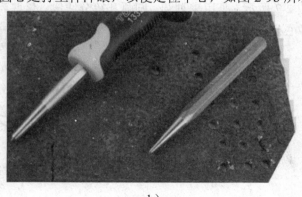

b)

图 2-9 样冲
a）结构；b）定位钻孔中心

2．样冲的操作规范

通常，样冲的操作规范有以下几个。

（1）样冲刃磨时应防止过热退火。

（2）手锤使用前，应检查锤柄与锤头是否松动，锤柄是否有裂纹，锤头上是否有卷边或毛刺，如有缺陷必须修好后再使用。

（3）手、锤柄和锤面、样冲及其头部都不得沾有油污，以防锤击时滑脱伤人。

（4）打样冲眼时，工件应放置在钢制底座上。样冲应用所有手指握住，且手与工件接触；样冲稍向身体外侧倾斜，冲尖应对正所划线条正中或交点上，如图 2-10a 所示；击打时，将样冲对正且调整至与工件表面垂直，目光注视样冲锥尖，用锤子沿样冲轴线锤击，如图 2-10b 所示。

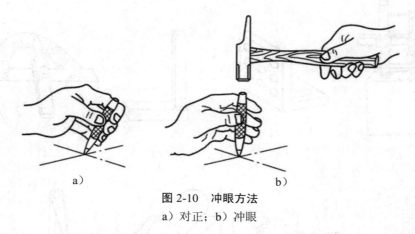

　　　　a)　　　　　　　　　　　　　　　b)

图 2-10　冲眼方法

a）对正；b）冲眼

（5）样冲眼之间的间距应视线条长短曲直而定。线条长而直时，间距可大些；短而曲时间距则应小些；交叉、转折处必须打上样冲眼，如图 2-11 所示。

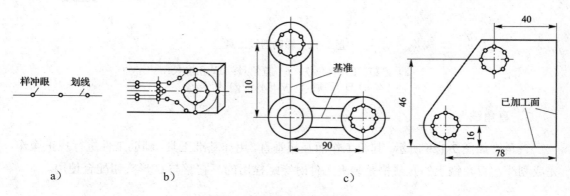

　　a)　　　　　　　b)　　　　　　　　　　　　　c)

图 2-11　样冲眼的分布示例

a）间距均匀；b）疏密适宜；c）圆周上打样冲眼

（6）样冲眼的深浅视工件表面粗糙程度而定。表面光滑或薄壁工件的样冲眼应打得浅些；粗糙表面的工件应打得深些；精加工表面禁止打样冲眼。

（七）其他辅助工具

1. 方箱

方箱如图 2-12a 所示，是用铸铁制成的空心长方体或立方体，六个面都经过精加工，相邻的各面互相垂直。使用时，通过配套的压紧螺栓可将工件固定在方箱上，翻转方箱即可依次划出工件上互相垂直的线条。方箱上的 V 形槽主要用来安装轴、盘、套筒等圆柱形零件。

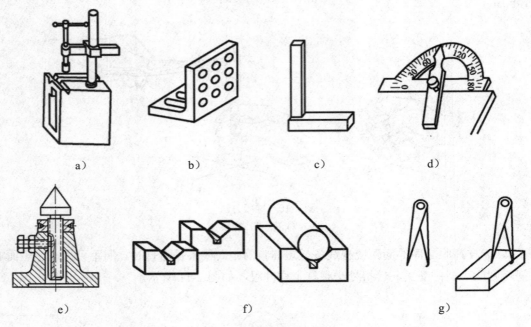

a)   b)   c)   d)

e)   f)   g)

图 2-12　辅助划线工具

a）方箱；b）直角铁；c）直角尺；d）角度尺；
e）千斤顶；f）V 形铁；g）划卡

2. 直角铁

直角铁如图 2-12b 所示，其两工作面互相垂直，用作基准工具，辅助工件进行找正操作，完成划线。直角铁上的孔或槽是装夹工件时穿螺栓用的。它常与 C 形夹钳配合使用。

3. 直角尺

直角尺如图 2-12c 所示，用于量取尺寸、检查平面度或垂直度等。用于划线的导向工具时，可划平行线或垂直线，如图 2-13 所示。

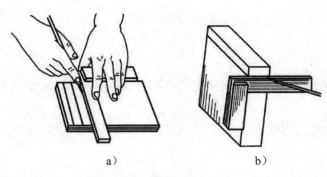

图 2-13　直角尺用作划线的导向工具

a）划平行线；b）划垂直线

4．角度尺

角度尺如图 2-12d 所示，用于量取角度，也用作划线的导向工具，划角度线，如图 2-14 所示。

图 2-14　角度尺用作划线的导向工具划角度线

5．千斤顶

千斤顶的结构如图 2-12e 所示，当在毛坯上划线或需要划线的毛坯形状比较复杂、尺寸较大而不适合用方箱或 V 形铁装夹时，通常用三个千斤顶支承工件，调整其高度就能方便地找正工件。用千斤顶支承工件时，要保证工件稳定可靠。为此，要求三个千斤顶的支承点离工件的重心应尽量远些，且在工件较重的部位放两个千斤顶，较轻的部位放一个千斤顶。

6．V 形铁

V 形铁如图 2-12f 所示，是用碳钢经淬火后磨削加工而成，其上 V 形槽的夹角一般为 90°或 120°，其余相邻各面互相垂直，一般两块为一副。V 形铁主要用来安装轴、盘、套筒等圆柱形零件，使工件轴线与平板平面平行。在较长的工件上划线时，必须把工件安装在

钳工工艺与技能

两个等高的 V 形铁上，以保证工件轴线与平板平行。

7. 划卡

划卡如图 2-12g 所示，主要用来确定轴或孔的中心位置，也可用来划平行线。

三、划线的方法与步骤

（一）划线前的准备

1. 划线工具的准备

划线前首先要熟悉工件图纸，按图纸要求合理选择所需工具，并检查和校验工具，如有缺陷，要进行调整和修理，以免影响划线质量。

2. 划线工件的准备

工件的准备工作包括工件清理和工件涂色，必要时可在工件孔中安置中心塞块（图 2-15）。

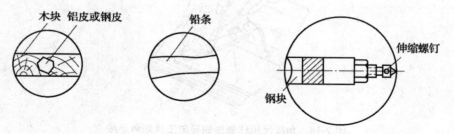

图 2-15 工件孔安装塞块

（1）工件清理。在划线前，必须将毛坯件上的氧化皮、飞边、残留的泥沙污垢，以及已加工工件的毛刺、铁屑等清理干净。否则，将影响划线的清晰度，并损伤较精密的划线工具。

（2）工件涂色。为了使划线的线条清晰，一般都要在工件的划线部位涂上一层涂料。铸件和锻件毛坯一般使用石灰水作为涂料，如果加入适量的牛皮胶，则附着力更强，效果更好；已加工表面一般涂蓝油（由 2%~4% 的龙胆紫、3%~5% 的虫胶漆和 91%~95% 的酒精配置而成）。涂刷涂料时，应尽可能涂得薄而均匀，以保证划线清晰，若涂得过厚则容易剥落。

（二）基本线条的划法

所有几何图形，都是由直线、平行线、垂直线、角度线、圆、圆弧、曲线等基本线条组成的，只有熟练掌握了这些线条的基本划法，才能掌握好划线的技能。

· 32 ·

1. 平行线的划法

（1）用钢直尺划平行线。用钢直尺在工件两端量取相同尺寸并刻上划痕，然后把划痕连成直线，即可划出与工件边或已划直线平行的线条，如图2-16a所示。

（2）用划规和导向工具划平行线。用划规量取尺寸后，在工件两端划出圆弧划痕，然后利用导向工具作两圆弧的切线，即得平行线，如图2-16b所示。

（3）用划卡或划规划平行线。用划卡或划规量取尺寸后，以工件上已加工好的侧面（边）为导向，用划卡或划规的另一脚尖沿划向方向划线，如图2-16c所示。

（4）用直角尺配合导向工具划平行线。随着直角尺在导向工具上或已加工好的工件侧面上的推移，划出相互平行的直线，如图2-16d、图2-16e所示。

（5）用划线盘或高度游标卡尺划平行线。将划线盘的针尖或高度游标尺的量爪调整到所需高度，在平板上沿划线方向移动划线盘或高度游标尺，依次划出相互平行的水平线，如图2-16f所示。

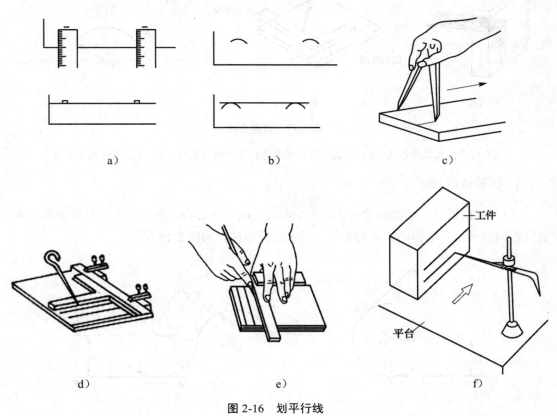

a）　　　　　　　　　　b）　　　　　　　　　　c）

d）　　　　　　　　　　e）　　　　　　　　　　f）

图2-16　划平行线

a）用钢直尺划平行线；b）用划规和导向工具划平行线；c）用划卡或划规划平行线；
d）、e）用直角尺配合导向工具划平行线；f）用划线盘或高度游标卡尺划平行线

2．垂直线的划法

（1）用直角尺划垂直线。划精度要求不高的垂直线，用直角尺根据已划出的直线或已加工好的平面划垂直线，如图 2-17a、图 2-17b 所示。

要划多条相互平行的垂直线，可用两平行夹头把直尺对准已划好的线夹紧固定，然后用直角尺紧靠在钢直尺上，依照工件要求划出相互平行的直线，如图 2-16d 所示。

（2）用划线盘或高度游标卡尺划垂直线。将已划出的线调整位置，使之处于竖直状态，再利用划线盘或高度游标尺如图 2-16f 所示划水平线。

（3）几何作图划垂直线。如图 2-17c 所示，要经过一已知直线 L 上 C 点作垂直线，先以 C 点为圆心，适当长为半径作圆弧交直线 L 于 A、B 两点；再以适当长为半径（R_2），分别以 A、B 两点为圆心作圆弧交于点 D；最后连接 C、D 两点即得所需的垂线。

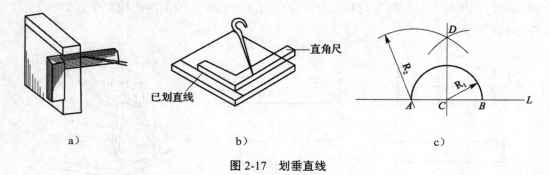

图 2-17　划垂直线

a）用直角尺划垂直线；b）用划线盘或高度游标卡尺划垂直线；c）几何作图划垂直线

3．圆弧线的划法

（1）划圆弧线。划圆弧前先要划出中心线，确定中心点，在中心点上打样冲眼，再用划规在钢直尺上量取图样要求的半径，并划出圆弧线，如图 2-18 所示。

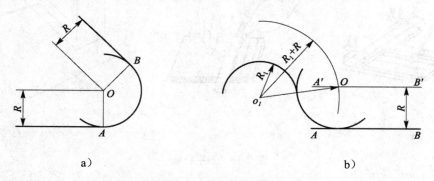

图 2-18　划圆弧线（一）

a）与两直线相切；b）与一直线、一圆弧相切

（2）划与两直线相切的圆弧线。如图 2-18a 所示，在与给定直线的距离为圆弧半径 R 处，分别作给定直线的平行线，相交于 O 点；以 O 点为圆心，半径为 R 划圆弧，分别与给定直线相切于 A、B 两点，切点之间的圆弧段为所求的圆弧线。

（3）划与一直线、一圆弧分别相切的圆弧线。如图 2-18b 所示，划相距为所划圆弧半径 R，且与给定直线 AB 平行的直线 $A'B'$；以给定圆弧中心 O_1 为圆心，给定圆弧半径 R_1 与所划圆弧半径 R 之和为半径（R_1+R）划圆弧，与直线 $A'B'$ 相交于 O 点；以 O 点为圆心，给定 R 为半径划弧，分别与给定直线和圆弧相切，则切点之间的圆弧段为所求的圆弧线。

（4）划与两圆弧外切的圆弧线。如图 2-19a 所示，已知要划连接圆弧半径为 R，被连接的两个圆弧的圆心分别为 O_1、O_2，半径为 R_1、R_2，作外公切圆弧线的方法如图 2-19b。

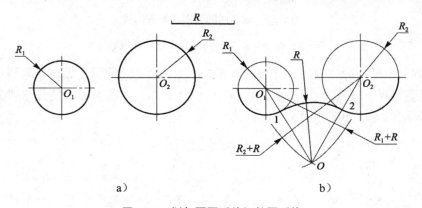

图 2-19　划与两圆弧外切的圆弧线

a）两圆；b）作外公切圆弧线的方法

作外公切圆弧线的方法如下：

① 以 O_1 为圆心，$R+R_1$ 为半径作一圆弧，再以 O_2 为圆心、$R+R_2$ 为半径作另一圆弧，两圆弧的交点 O 即为连接圆弧的圆心。

② 作连心线 OO_1，它与圆弧 O_1 的交点为 1，再作连心线 OO_2，它与圆弧 O_2 的交点为 2，则 1、2 即为连接圆弧与两已知圆弧的连接点（外切的切点）。

③ 以 O 为圆心，R 为半径作圆弧，完成划线。

（5）划与两圆弧内切的圆弧线。如图 2-20a 所示，已知要划连接圆弧线的半径为 R，被连接的两个圆弧圆心分别为 O_1、O_2，半径为 R_1、R_2，作与两圆弧内公切圆弧线的方法如图 2-20b 所示。

① 以 O_1 为圆心，$R-R_1$ 为半径作一圆弧，再以 O_2 为圆心、$R-R_2$ 为半径作另一圆弧，两圆弧的交点 O 即为连接圆弧的圆心。

② 作连心线 OO_1，它与圆弧 O_1 的交点为 1，再作连心线 OO_2，它与圆弧 O_2 的交点为 2，则 1、2 即为连接圆弧的连接点（内切的切点）；

③ 以 O 为圆心，R 为半径作圆弧，完成划线。

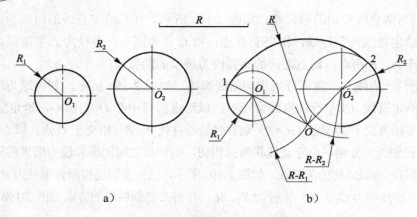

图 2-20　划与两圆弧内切的圆弧线

a）两圆；b）作与两圆弧内公切圆弧线的方法

（6）划与两圆弧分别内切、外切的圆弧线。如图 2-21a 所示，已知要划圆弧线的半径为 R，被连接的两个圆弧圆心为 O_1、O_2，半径为 R_1、R_2，作圆弧线，使其与圆弧 O_1 外切，与圆弧 O_2 内切的方法如图 2-21b。

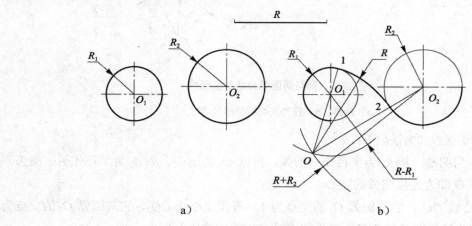

a）　　　　　　　　b）

图 2-21　划与两圆弧分别内切、外切的圆弧线

①　分别以 O_1、O_2 为圆心，$R+R_1$、$R-R_2$ 为半径作两个圆弧，两圆弧交点 O 即为连接圆弧的圆心。

②　作连心线 OO_1，与圆弧 O_1 相交于 1；再作连心线 OO_2，与圆弧 O_2 相交于 2，则 1、2 即为连接圆弧的连接点（前为外切切点、后为内切切点）；

③　以 O 为圆心，R 为半径作圆弧，完成划线。

4．角度线的划法

（1）划特殊角度的角度线。30°、45°、60°的角度线，可用三角板划出，45°的角度线亦可先作垂线，再利用二等分的方法划出。

15°、30°、45°、60°的角度线也可如图 2-22 所示，用作图法划出。

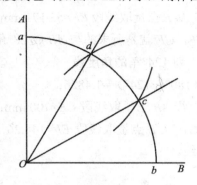

图 2-22　划特殊角度的角度线

具体步骤如下：

① 以直角的顶点 O 为圆心，取 Oa 为半径作弧，与直角边 OA、OB 为交于 a、b 两点；

② 以 Oa 为半径作弧，分别以 a、b 为圆心作弧，交 ab 弧于 c、d 两点；

③ 连接 Oc、Od，则∠bOc、∠cOd、∠dOa 均为 30°。

用上述方法可划出 15°、30°、45°、60°、75°、120°各角的角度线。

（2）划任意角度的角度线。

① 用角度尺划线。如图 2-23a 所示任意角度线可用角度尺直接划出。

② 用游标万能角尺划线。如图 2-23b 所示，用游标万能角尺划角度线时，先根据图样，组合万能角尺，并在工件上角度划线处做划线起点刻痕标记；再将游标万能角尺的基尺靠在工件划线基准边，基尺与直尺相交处置于角度起点位置，在基尺紧靠基准边的同时，压住直尺，用划针沿直尺划线；最后在划好的角度线上打上样冲眼，如图 2-23c 所示。

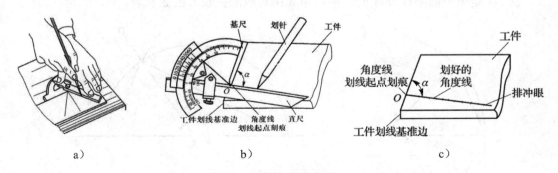

图 2-23　划任意角度线

a）用角度尺划线；b）组合万能角尺；c）打上样冲眼

③ 用计算法划线。根据直角形法确定出斜边的方向划出要求的直线，如图 2-24 所示。

示例 1：如图 2-24a 所示，划 28°角的角度线

查三角函数表，得：tan28°=0.53171；

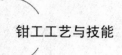

在毛坯上划直线 AB，在直线 AB 上量取线段 CE=100 mm；

过 E 点作 AB 的垂直线 EG，从 E 点量取线段 EF=53.171 mm（对应线段 CE 的长为 0.53171×100 mm），得 F 点，连接 CF。CF 就是所求的与 AB 成 28°角的线。

示例 2：如图 2-24b 所示，划 124°角的角度线

查三角函数表，得：tan（180°－124°）=1.4826；

在毛坯上划直线 AB，在直线 AB 上量取线段 CE=100 mm；

过 E 点作 AB 的垂直线 EG，从 E 点量取线段 EF=148.26 mm，得 F 点，连接 CF。CF 就是所求的与 AB 成 124°角的线。

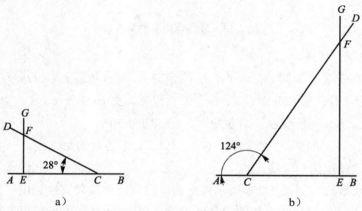

图 2-24　计算法划任意角度线

a）划 28°角；b）划 124°角

④ 用弦长法划线。以 124°角的线为例，可通过查弦长表，用如图 2-25 所示的方法划出。表 2-1 是单位圆半径 R=1 时，中心角 α 所对应的弦长 L 的弦长表。

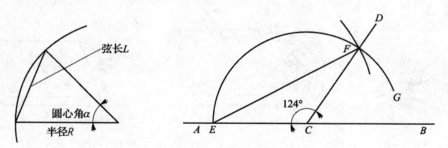

图 2-25　弦长法划线

查弦长表 2-1，124°角对应的弦长为 1.766mm。

先在毛坯上划直线 AB，在直线 AB 上确定点 C，以 C 为圆心，半径为 10 mm（1 mm 放大 10 倍）划圆弧 EG；再以 E 为圆心，弦长放大 10 倍（1.766×10（mm））为半径划圆弧与圆弧 EG 交于 F 点；最后连接 CF，CF 就是与 AB 成 124°角的线。

表 2-1　弦长表

中心角	弦长	中心角	弦长	中心角	弦长	中心角	弦长	中心角	弦长	中心角	弦长
1	0.017	31	0.534	61	1.015	91	1.426	121	1.741	151	1.936
2	0.035	32	0.551	62	1.030	92	1.439	122	1.749	152	1.941
3	0.052	33	0.568	63	1.045	93	1.451	123	1.758	153	1.945
4	0.070	34	0.585	64	1.060	94	1.463	124	1.766	154	1.949
5	0.087	35	0.601	65	1.075	95	1.475	125	1.774	155	1.953
6	0.105	36	0.608	66	1.089	96	1.486	126	1.782	156	1.956
7	0.112	37	0.635	67	1.104	97	1.498	127	1.790	157	1.960
8	0.139	38	0.651	68	1.118	98	1.509	128	1.798	158	1.963
9	0.157	39	0.668	69	1.133	99	1.521	129	1.805	159	1.966
10	0.174	40	0.684	70	1.147	100	1.532	130	1.813	160	1.970
11	0.192	41	0.700	71	1.161	101	1.543	131	1.820	161	1.973
12	0.209	42	0.717	72	1.176	102	1.554	132	1.827	162	1.975
13	0.226	43	0.733	73	1.190	103	1.565	133	1.834	163	1.978
14	0.241	44	0.749	74	1.204	104	1.576	134	1.841	164	1.980
15	0.261	45	0.765	75	1.217	105	1.587	135	1.848	165	1.983
16	0.278	46	0.781	76	1.231	106	1.597	136	1.854	166	1.985
17	0.296	47	0.797	77	1.245	107	1.608	137	1.861	167	1.987
18	0.313	48	0.813	78	1.259	108	1.618	138	1.867	168	1.989
19	0.330	49	0.829	79	1.272	109	1.628	139	1.873	169	1.991
20	0.347	50	0.845	80	1.286	110	1.638	140	1.879	170	1.992
21	0.364	51	0.861	81	1.299	111	1.648	141	1.885	171	1.994
22	0.382	52	0.877	82	1.312	112	1.653	142	1.891	172	1.995
23	0.399	53	0.892	83	1.325	113	1.663	143	1.897	173	1.996
24	0.416	54	0.908	84	1.338	114	1.677	144	1.902	174	1.997
25	0.433	55	0.923	85	1.351	115	1.687	145	1.907	175	1.998
26	0.450	56	0.939	86	1.364	116	1.696	146	1.913	176	1.999
27	0.467	57	0.954	87	1.377	117	1.705	147	1.918	177	1.999
28	0.484	58	0.970	88	1.389	118	1.714	148	1.922	178	2.000
29	0.501	59	0.985	89	1.402	119	1.723	149	1.927	179	2.000
30	0.518	60	1.000	90	1.414	120	1.732	150	1.932	180	2.000

5．等分圆周

（1）用几何作图法等分圆周。用几何作图法对圆周进行 2、3、4、6、8 等特殊等分很方便，这些等分方法在几何和制图课程中已有介绍，这里不再缀述。

① 5 等分圆周。如图 2-26a 所示，作 $AB \perp CD$；以 OA 的中心 E 为圆心，EC 为半径作弧交 AB 于 F；连接 CF，则 CF 为 5 等分圆周的弦长。

② 任意等分半圆。如图 2-26b 所示，将圆的直径分为 n 等分，1、2、3、4…；分别以 A、B 为圆心，AB 为半径作弧，交于 O 点；连接 $O1$，$O2$，$O3$，$O4$…并延长，交半圆于 $1'$，$2'$，$3'$，$4'$…；$1'$，$2'$，$3'$，$4'$…即为半圆的等分点。

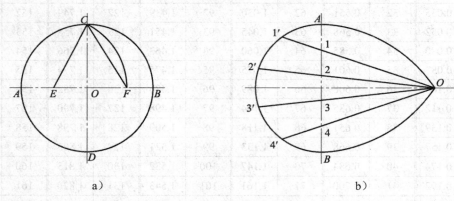

图 2-26　等分圆周

a）5 等分圆周；b）任意等分半圆

（2）按同一弦长等分圆周。如图 2-27 所示，要对圆周进行 n 等分，只需确定每等分圆周所对应的同一弦长 L（即 AB 长）。

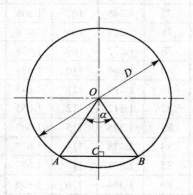

图 2-27　用同一弦长等分圆周

设圆的直径为 D、半径为 R。过圆心 O 作 AB 的垂线，交 AB 于 C；连接 OA、OB，则 OC 平分 AB 弦和其对应的中心角 α。

因对圆周 n 等分，所以 $\alpha=360°/n$。由三角函数关系得：

$$L=AB=2AC=2R\sin\alpha/2=D\sin\alpha/2 \tag{2-1}$$

令 $K=2\sin\alpha/2$（K 称为等分弦长系数），则：

$$L=KR \tag{2-2}$$

可见，K 与圆的直径无关，只与等分数 n 有关。这样先算出 K，列成表 2-2，求弦长时只须查表求弦长 L 就方便多了。

示例 1，计算法：

在直径为 50 mm 的圆周上进行 9 等分，求等分弦长 L。

解：$\alpha=360°/n=360°/9=40$（°）

则：$L=D\sin\alpha/2=50\times\sin20°\approx17.10$（mm）。即量取 17.10 mm 的长度，就可依次将直径为 50 mm 的圆周等分成 9 等分。

示例 2，查表法：

对上述实例，查表 2-2，9 等分时，$K=0.684$

则 $L=0.684\times25=17.1$ mm。结果相同。

表 2-2　等分弦长系数 K

等分数	系数 K	等分数	系数 K	等分数	系数 K
3	1.7321	13	0.4786	23	0.2723
4	1.4142	14	0.4450	24	0.2611
5	1.1756	15	0.4158	25	0.2507
6	1.0000	16	0.3902	26	0.2411
7	0.8678	17	0.3676	27	0.2321
8	0.7654	18	0.3473	28	0.2240
9	0.6840	19	0.3292	29	0.2162
10	0.6180	20	0.3129	30	0.2091
11	0.5635	21	0.2980	31	0.2023
12	0.5176	22	0.2845	32	0.1960

实践与提高

1. 平面划线示例

完成图 2-28 所示曲线板的划线。

（1）分析图形，确定划线基准。将通过 $\phi35$ 圆心的两条相互垂直的中心线定为基准。

（2）确定各圆的圆心位置。

① 划中心线 Ⅰ-Ⅰ，Ⅱ-Ⅱ，求得圆心 O_1 的位置。

② 划尺寸为 70 mm 的水平线与 Ⅱ-Ⅱ 相交于 O_2。

③ 划尺寸为 84 mm 的垂直线与 Ⅰ-Ⅰ 相交于 O_3。

④ 划尺寸为 36 mm，19 mm，22 mm 的垂直线；划尺寸为 35 mm，28 mm，37 mm 的水平线，它们分别相交于 O_4，O_5，O_6。

⑤ 计算 $R52$ 圆弧上的两个 $\varphi11$ 孔中心的坐标尺寸，用高度游标尺划出圆心 O_7，O_8 的

位置线；或用（万能）角度尺划出两孔中心所在的角度线，与 $R52$ 圆弧交于 O_7，O_8。

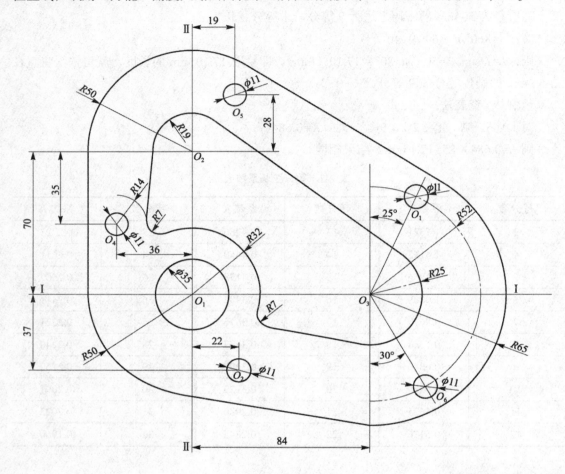

图 2-28　曲线板

（3）划圆、圆弧。以 O_1 为圆心划 $R32$，$R50$ 的圆弧和 $\varphi 35$ 的圆；以 O_2 为圆心，划 $R19$，$R50$ 圆弧，以 O_3 为圆心划 $R25$，$R52$ 和 $R65$ 圆弧；划五个 $\varphi 11$ 的圆。

（4）划连接圆弧线。

① 分别作外侧与圆弧相切的公切线和内侧与圆弧相切的公切线。

② 求两个 $R7$ 圆弧的圆心及与圆弧、直线相连接的切点；划两个 $R7$ 的圆弧。

（5）打样冲眼。分别在线条适当位置及圆心上打样冲眼。

2．立体划线实例

完成图 2-29a 所示轴承座的划线。

（1）正确识读轴承座图纸，想象立体，分析结构形状。

（2）确定划线基准。根据轴承座的结构特点，选择轴承上底面，通过 $\varphi 50$ 孔轴线的左

右对称平面和两个 φ 13 的轴线的前后对称面为划线基准。

（3） φ 50 孔加塞块。

（4）划线。

① 根据孔中心及上平面调节千斤顶，使工件处于水平状态，如图 2-29b 所示。

② 划底面加工线和 φ 50 大孔的水平中心线，如图 2-29c 所示。

③ 翻转 90°，用角尺找正，划 φ 50 大孔的垂直中心线及 φ 13 孔的中心线，如图 2-29d 所示。

④ 再翻 90°，用直角尺两个方向找正，划 φ 13 孔的中心线，如图 2-29e 所示。

⑤ 打样冲眼，完成划线，如图 2-29f 所示。

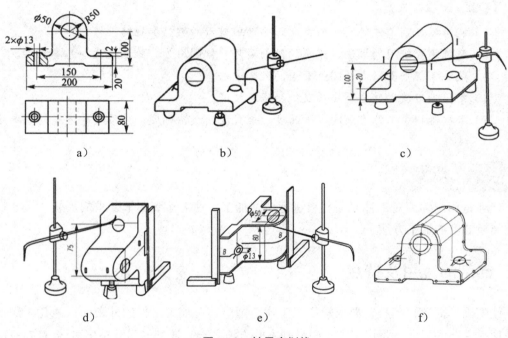

图 2-29　轴承座划线

3. 注意事项

① 必须全面、仔细地考虑工件在平台上的摆放位置和找正方法，并正确确定尺寸基准线的位置。

② 用划线盘划线时，划针伸出量应尽可能短，并要牢固夹紧。

③ 划线时，划线盘要紧贴平台平面移动（可涂抹薄层机油），划线压力要一致，使划出的线条准确、清晰。

④ 线条尽可能细而清晰，要避免划重复线。

⑤ 工件安放在平台上要稳固，防止倾斜。

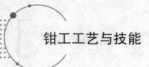

钳工工艺与技能

任务二 锉削

任务目标

【知识目标】

（1）了解并熟知锉削的概念、应用范围、特点、安全操作规范。

（2）熟悉锉刀的结构、种类、规格、基本选用方法、维护保养的知识。

（3）熟悉锉削面精度检测常用的工量具如刀口尺、塞尺、卡钳等及其检验原理、方法。

【技能目标】

（1）能根据锉削工件的尺寸、材质正确选用锉刀的类型和规格。

（2）熟练掌握锉刀的握法、正确的锉削姿势、锉削用力、锉削速度等基本技能。

（3）熟练掌握平面、内外圆弧面等的锉削方法。

（4）掌握锉刀使用的安全操作及维护保养技能。

（5）掌握锉削中工件直线度、平面度、垂直度、线轮廓度、对称度等误差的基本检测技能。

知识与技能

锉削是利用锉刀对工件表面材料进行切削加工，使之达到图纸要求的形状、尺寸精度和表面粗糙度的加工方法。

一、锉削的应用及特点

锉削操作简单，但技艺要求较高，工作范围广，可加工工件的外表面、内孔、沟槽和各种形状复杂的表面，是钳工加工中最基本的方法之一。锉削的尺寸精度可达 IT7～IT8，表面粗糙度可达 $R_a1.6～0.8\ \mu m$。

二、锉削工具

（一）锉刀的结构

锉削所用的工具为锉刀，常用碳素工具钢如 T12A、T13A 等制成，经热处理淬硬至 62～67 HRC。锉刀由锉刀面、锉刀边、锉刀柄等组成，如图 2-30 所示。锉刀面是锉刀的主要工作部分，其长度方向上呈凸弧形状，这利于把平面锉平。锉刀面上制有按一定规律排列的锉齿，是锉刀的切削部分，锉齿是通过铣削加工制成或在剁锉机上剁出来的。锉刀边是指

· 44 ·

锉刀的两个侧面，分单边有齿和双边无齿两种，没齿的边叫光边或安全边，这样的结构利于锉削一面时不致碰伤相邻表面。锉刀舌用于安装锉刀柄，并传递动力。锉刀柄是握持部分，一般用木材或塑料制成。

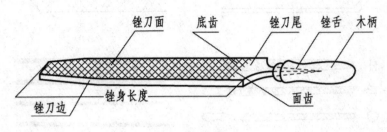

图 2-30　锉刀的结构

（二）锉刀的种类

1. 按齿纹分

按齿纹分，锉刀可分为单齿纹和双齿纹两种，如图 2-31a、图 2-31b 所示。锉刀的锉纹多制成双纹，以利锉削时锉屑碎断，不易堵塞锉面，锉削时比较省力；单齿纹锉刀一般用于锉削铝等软质材料。

根据齿纹粗细的不同，普通锉刀还可分为粗齿、中齿、细齿和油光齿等。

2. 按用途分

按用途分，锉刀可分为钳工锉（普通锉）、异形锉（特种锉）、整形锉（什锦锉）三类。其中钳工锉应用最广。异形锉和整形锉主要用于修整工件上的细小部位、特殊表面等结构或小型工件。

3. 按截面形状分

按截面形状分，普通锉刀可分为平锉（又称板锉）、方锉、圆锉、半圆锉和三角锉等五种，其断面形状如图 2-31c 所示。其中平锉主要用于锉削平面和外圆弧面，方锉主要用于锉削方孔和平面，圆锉主要用于锉削内孔和圆弧槽，三角锉主要用于锉削平面、方孔和 60°以上锐角，半圆锉主要用于锉削内圆弧面和大圆孔。

整形锉和异形锉的断面形状如图 2-31e 所示，通常制成多把一组，具有多种形状。根据形状有扁形锉、半圆形锉、三角形锉、方形锉、圆形锉、菱形锉、单面三角形锉、刀形锉、双半圆形锉、椭圆形锉、圆边形扁锉、菱形边锉等。

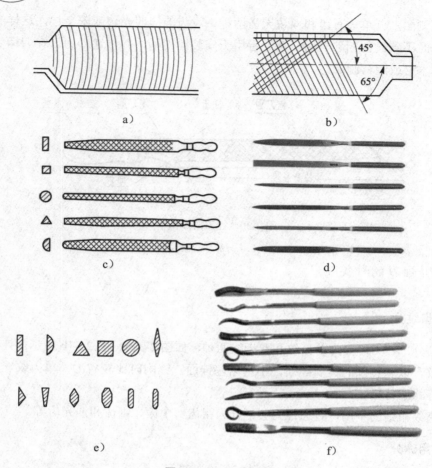

图 2-31　锉刀的种类

a）单齿纹；b）双齿纹；c）钳工锉及断面形状；d）整形锉；e）整形锉及异形锉的断面形状；f）异形锉

（三）锉刀的规格

　　锉刀的规格用长度尺寸和齿纹粗细表示，其中钳工锉的规格用锉身长度表示，异形锉和整形锉的规格用锉刀的全长表示。锉刀的长度尺寸规格主要有 100 mm，125 mm，150 mm，200 mm，250 mm，300 mm，350 mm 和 400 mm，450 mm 等九种。锉刀按齿纹粗细（在轴向每 10mm 内主锉纹条数）分为 1 号锉纹、2 号锉纹、3 号锉纹、4 号锉纹、5 号锉纹五种。

　　锉刀的规格如表 2-3 所示。

表 2-3 用长度和齿纹表示的锉刀规格及其 10 mm 内齿纹条数

序号	长度规格 L/mm	锉纹号				
		1 号纹（粗锉）	2 号纹（中粗锉）	3 号纹（细锉）	4 号纹（双细锉）	5 号纹（油光锉）
		粗锉		中锉		细锉
1	100	14	20	28	40	56
2	125	12	18	25	36	50
3	150	11	16	22	32	45
4	200	10	14	20	28	40
5	250	9	12	18	25	36
6	300	8	11	16	22	32
7	350	7	10	14	20	
8	400	6	9	12		
9	450	5.5	8	11		

（四）锉刀的选用

各种锉刀都有其适宜的应用范围，如果选用不当，就不可能有效地发挥锉刀的切削效能，或使锉刀过早地丧失切削能力，也达不到锉削的质量要求。选择锉刀主要根据工件的具体情况考虑以下三个方面。

（1）根据工件的形状选用锉刀。所选锉刀的断面应与工件的形状相适应，如图 2-32 所示。

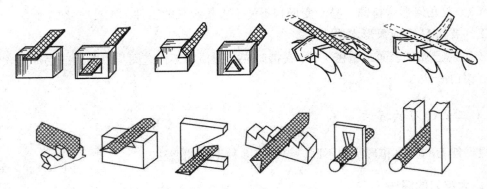

图 2-32 根据工件形状选用锉刀

（2）根据加工余量的大小和精度的高低选用锉刀。若加工余量大，则选用粗锉刀或大型锉刀；反之，则选用细锉刀或小型锉刀。加工精度要求低，表面粗糙度数值较大时，则选择粗锉刀；反之，精度要求高、表面粗糙度值较小时，宜选用细锉刀。刀粗细的选用如表 2-4 所示。

表 2-4　锉刀粗细的选用

锉刀规格	适用场合		
	加工余量/mm	尺寸精度/mm	表面粗糙度/μm
粗锉	0.5～1	0.2～0.5	Ra100～25
中锉	0.2～0.5	0.05～0.2	Ra12.5～6.3
细锉	0.05～0.2	0.01～0.5	Ra16.3～3.2
油光锉	0.05	0.01	Ra3.2～0.8

（3）根据工件大小和加工面大小选用锉刀。工件尺寸和加工面尺寸越大，应选用锉刀的尺寸也越大。

（4）根据工件材料选用锉刀。锉削有色金属等软材料，应选用单齿纹锉刀或粗齿锉刀，以防止切屑堵塞；锉削钢铁等硬材料，应选用双齿纹锉刀或细齿锉刀。

三、锉削方法与技能

（一）工件装夹

工件装夹的要求主要有以下几个。

（1）工件夹持要牢固，但应避免夹持过紧而造成变形。

（2）工件应尽量夹在台虎钳的中间，并略高于钳口，特别是薄形工件，伸出部分不能太长，以防止锉削时产生振动而影响锉削质量。

（3）对几何形状特殊、易于变形和不便于直接装夹的工件，夹持时要加衬垫，例如，圆形工件要衬 V 形或弧形木块。

（4）对已加工表面或精密工件，夹持时应在钳口与工件之间垫以铜片或铝片等软钳口，并保持钳口清洁。

（二）锉刀的握法

根据锉刀的大小和形状的不同，锉刀有多种不同的握法。

1. 大锉刀的握法

一般长度在 250 mm 以上的锉刀，其握持方法如图 2-33a 所示。右手紧握锉刀柄，柄端抵在拇指根部的手掌上，大拇指压在锉刀柄的上部，其余四指由下而上轻握住锉刀柄。左手的握法有多种方法，其一是用拇指根部手掌压在锉刀头部，拇指自然伸直，其余四指弯向掌心，并用中指和无名指捏住锉刀前端；其二是直接用左手手掌压在锉刀前端的锉刀面上，其余各指自然蜷曲或自然伸展。

2．中小锉刀的握法

　　长度在 200 mm 左右的中型锉刀，握法如图 2-33b 所示，右手握法与大锉刀相同，只是左手用大拇指和食指捏住锉刀前端，起扶持、导向作用。

　　小锉刀及整形锉刀、异形锉刀的握法如图 2-33c、图 2-33d 所示，右手拇指放在锉刀柄上面，食指伸直靠在锉刀边上，左手几个手指压在锉刀中部，以防锉刀折断。

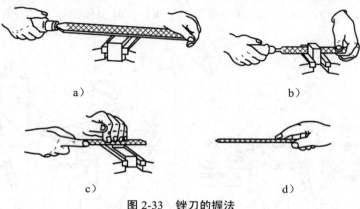

a)　　　　　　　　　　　　　　　　b)

c)　　　　　　　　　　　　　　　　d)

图 2-33　锉刀的握法

a）一般锉刀的握法；b）中型锉刀的握法；c）小锉刀及整形锉刀的握法；d）异形锉刀的握法

（三）锉削姿势

　　正确的锉削姿势和动作，能减少疲劳，提高工作效率，保证锉削质量；只有勤学苦练，才能逐步掌握这项技能。锉削姿势与使用的锉刀大小相关。

1．锉削前的姿势

　　双手握住锉刀，将锉刀头部置于钳口工件上，双手端平锉刀使之与钳口平行；左臂弯曲，小臂与工件锉削面的左右方向保持基本平行，右小臂与工件锉削面的前后方向保持基本平行，动作自然。同时，两腿开立呈"丁"字步，两脚站立不动，并与锉削方向保持一定角度，如图 2-34 所示；身体重心移向左腿，左膝微弯，右膝伸直，右腿向后蹬直，准备起锉。

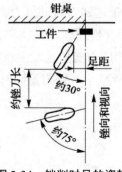

图 2-34　锉削时足的姿势

2．锉削中的姿势

如图 2-35 所示，开始锉削时，身体要向前倾斜 10°左右，左肘弯曲，右肘向后，重心在左脚，左膝呈弯曲状，右腿伸直并向前倾；右手向前推锉刀，左手控制锉削方向，锉刀推出 1/3 行程时，身体向前倾斜 15°左右；右手继续用力向前推锉刀，右腿用力向后蹬，身体重心全部移向左脚，左手向前基本伸出 2/3 行程时，身体倾斜到 18°左右；最后左腿继续弯曲，右肘渐直，右臂向前使锉刀继续推进至尽头，同时身体随锉刀的反作用方向回到 15°位置。

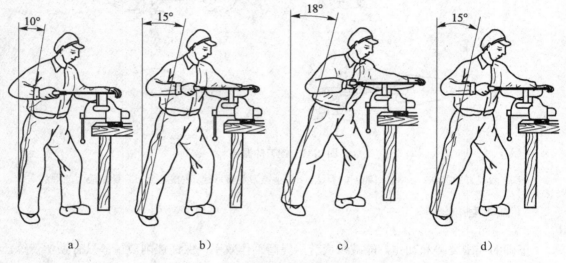

图 2-35　锉削时的姿势

a）开始锉削；b）推至 1/3 行程；c）推至 2/3 行程；d）退回 15°位置

（四）锉削施力和锉削速度

1．锉削施力

锉削时，两手施加于锉刀的力应使锉刀保持平衡，使锉刀形成直线的锉削运动，才能锉出平整的平面，如图 2-36 所示。推进锉刀时的推力大小主要由右手控制，而压力的大小由两手控制。为保持锉刀平稳前进，锉刀前后两端以工件为支点所受的力矩应相等。根据锉刀位置的不断改变，两手所施加的压力要随之发生相应改变。随着锉刀的推进，右手的压力要逐渐增大，左手的压力要逐渐减小。锉刀返回时，不宜压紧工件，以免磨钝锉齿和损伤已加工表面。

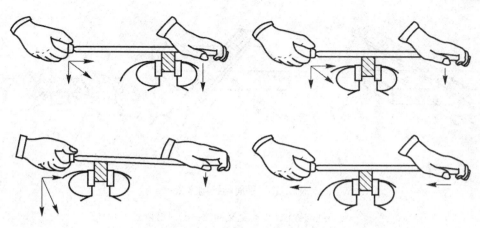

图 2-36 锉削时的姿势

2. 锉削速度

锉削时的速度一般应控制在每分钟 30～60 次，速度太快，容易疲劳和加快锉齿的磨损，且推出时应稍慢，回程时稍快，动作要自然协调。

（五）锉削方法

1. 平面的锉削方法

（1）顺向锉法。锉削时，锉刀的运动方向与工件的夹持方向始终一致，如图 2-37a 所示。在锉宽平面时，为使整个平面能均匀地锉削，每次退回锉刀时应在横向作适当的移动。由于顺向锉的锉痕整齐一致，表面比较美观，对于不大的平面和最后的锉平、锉光多用这种锉法。

（2）交叉锉法。锉削时，锉刀的运动方向与工件夹持的水平方向成 30°～40°，且以交叉的两个方向依次顺利地对工作进行锉削，锉纹相互交叉，如图 2-37b 所示。

交叉锉法由于锉刀与工件的接触面较大，锉刀容易掌握平稳，且能从交叉的锉痕上判断出平面的凹凸情况，因此容易把平面锉平，适用于锉削余量较大的平面粗锉，以提高效率。

（3）推锉法。锉削时，两手对称地横握锉刀，拇指抵住锉刀侧面，沿工件表面平稳地推拉锉刀，以得到平整光洁的表面，如图 2-37c 所示。

推锉法适用于较窄平面或用顺向锉法锉刀受阻不宜锉削的情况，或是工件表面已经锉平，加工余量较小而需要修正或提高表面结构精度的情况。为了提高表面质量，可在工件表面涂抹粉笔灰，或将细砂纸垫在锉刀下推锉。

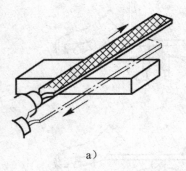 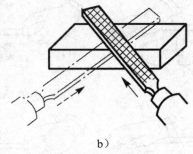 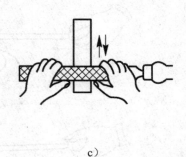

a)　　　　　　　　　　b)　　　　　　　　　　c)

图 2-37　平面的锉削方法

a）顺向锉法；b）交叉锉法；c）推锉法

2. 圆弧面的锉削

（1）外圆弧面锉削方法。

① 顺向锉。如图 2-38a 所示，锉削开始时用左手将锉刀头部位置置于工件左侧，右手握柄抬高。随着右手下压推进锉刀，左手顺势上提同时施加压力，如此反复直到圆弧面成形。顺向锉能得到较光滑的圆弧面和较低的表面粗糙度，但锉削位置不宜掌握，且效率不高，适用于精锉。

② 横向锉。如图 2-38b 所示，锉刀沿着圆弧面的轴向做直线运动，同时，锉刀不断随圆弧面摆动。横向锉的锉削效率高，且便于按划线位置均匀地锉近弧线，但只能锉成近似圆弧面的多棱形面，故多用于圆弧面的粗加工。

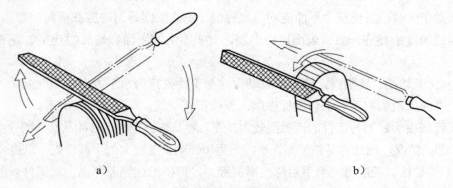

a)　　　　　　　　　　　　　b)

图 2-38　外圆弧面的锉削方法

a）顺向锉；b）横向锉

（2）内圆弧面的锉削方法。

锉削内圆弧面时，锉刀在推进过程中要同时完成以下三个运动。

① 锉刀沿轴线作前进运动，并保证锉刀全程参与切削，如图 2-39a 所示。

② 锉刀沿圆弧面向左或向右移动（约半个到一个锉刀直径的距离），以免加工表面出现棱角，如图 2-39b 所示。

③ 锉刀绕轴线转动（顺时针或逆时针方向转动），以使锉刀锉面与被切削面始终良好接触，如图 2-39 出所示。

三个运动要协调配合，缺一不可，否则不能保证锉出的圆弧面光滑准确，如图 2-39 所示。

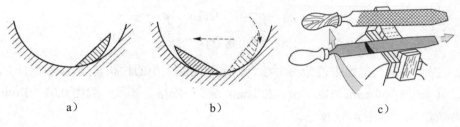

a)　　　　　　　　　　b)　　　　　　　　　　c)

图 2-39　内圆弧面的锉削方法

a）锉刀沿轴线作前进运动；b）锉刀沿圆弧面向左或向右移动；c）锉刀绕轴线转动

3．通孔的锉削

锉削通孔时，根据工件通孔的形状以及工件的材料、加工余量、加工精度和表面粗糙度选择所需的锉刀，如图 2-40 所示。

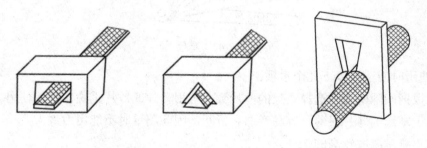

图 2-40　通孔的锉削

（六）锉削质量检测

锉削属于钳工的精加工，因此一定要按照图纸上的技术要求细致地进行质量的检测。

1．平面度、直线度误差检测

（1）刀口尺。刀口尺是检测平面度、直线度常用的量具。其结构及检测方法如图 2-41 所示，是用透光法来检测工件锉削面的直线度和平面度。刀口直尺有 0 级和 1 级两种精度等级，常用的长度规格有 75 mm，125 mm，175 mm 等。

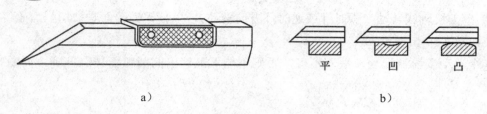

图 2-41 刀口尺

a）结构；b）检测方法

（2）塞尺。塞尺是用来检验两个结合面之间间隙大小的片状量规。塞尺有两个平行的测量面，其长度有 50 mm，100 mm，200 mm 等多种规格。塞尺一般由 0.01～1 mm 厚度不等的薄片所组成，如图 4-42 所示。

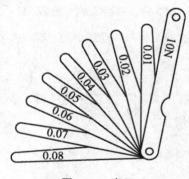

图 2-42 塞尺

塞尺使用时应注意以下几个事项。

① 应根据间隙的大小选择塞尺的薄片数，可用一片或数片重叠在一起使用。

② 由于塞尺的薄片很薄，容易弯曲和折断，因此测量时不能用力太大。

③ 避免测量温度较高的工件。

④ 塞尺使用完后要擦拭干净，并及时放到夹板中去。

（3）塞尺的检测方法。在工件检测面上，迎着亮光，观察刀口直尺与工件表面间的缝隙。若有较均匀微弱的光线通过，则平面平直；若透光不均匀，则表面不平，或刀口所在位置的直线不直。

平面度误差值的确定，可在平板上用塞尺塞入检查。如图 2-43a 所示，若两端光线很微弱，中间光线很强，则工件表面中间凹下，误差值取检测部位中的最大直线度误差值计；如图 2-43b 所示，若中间光线较弱，两端处光线较强，则工件表面中间凸起，其误差值应取两端检测部位中最大直线度的误差值。

检测有一定宽度的平面度时，为使检查位置合理、全面，通常采用"米"字形逐一检测整个平面，如图 2-43c 所示。

另外，也可以采用在标准平板上用塞尺检查的方法检测工件的平面度误差，如图 2-43d

所示。

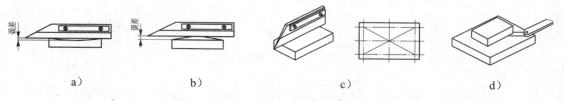

图 2-43　平面度、直线度误差的检测方法

a)、b)　用塞尺塞入检查；c)用"米"字形检测；d)采用在标准平板上用塞尺检查的方法检测

（4）塞尺的操作规范。通常，塞尺的操作规范有以下几个。

① 刀口尺的工作刃口极易碰损，使用和存放时要特别小心。

② 欲改变工件检测表面位置时，一定要抬起刀口尺，使其离开工件表面，然后移到其他位置轻轻放下。严禁在工件表面上推拉移位，以免损伤刀口。

③ 使用刀口尺时，手应握持在隔热板部位，避免体温影响测量精度和因直接握持金属表面后清洗不净而引起锈蚀。

2．垂直度误差的检测

（1）用直角尺检测。检测方法也是透光法。

检测前，先用锉刀对工件的锐边去毛刺、倒钝，如图 2-44a 所示。效果如图 2-44b 所示

检测时，先将直角尺的导边紧贴工件基准面，逐渐从上向下轻轻移动角尺至其测量面与工件被测量面接触，眼光平视观察两者之间的透光情况，据其可确定工件被测量面相对基准面的倾斜情况及垂直度误差，如图 2-44c 所示。检测时角尺不可斜放，而且应检测三处以上，否则将不能得到正确的测量结果。

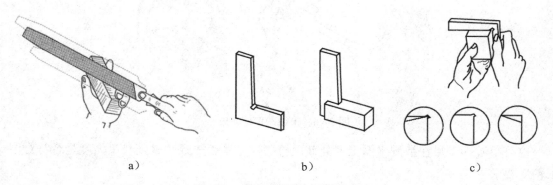

图 2-44　用直角尺检测垂直度误差

a)毛刺、倒钝；b)毛刺、倒钝后的效果；c)检测过程

（2）用方箱检测。将工件基准面置于基准平台上，被测表面靠近方箱竖直面并与之接

触，用塞尺检测被测表面与方箱平面之间的缝隙，能够放入缝隙的塞尺的最大值，即为被测平面相对基准平面的垂直度误差，如图 2-45 所示。

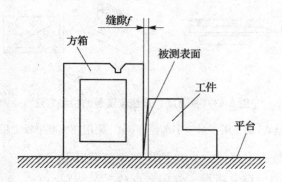

图 2-45　用方箱检测垂直度误差

3．平行度误差的检测

检测平行度误差可用卡钳或游标卡尺。检查时，在全长不同的位置上，要多检查几次。

卡钳是一种间接量具，检测时，将卡钳的两测量角按被测尺寸的公称尺寸在量具上取值。卡钳在钢直尺上量取尺寸时，一个卡脚的测量面要紧靠钢直尺的端面，另一个卡脚的测量面调节到所取尺寸的刻线且两测量面的连线应与钢直尺的边平行，如图 2-46a 所示。读数时，视线要垂直于钢直尺的刻线面。卡钳在标准量规上量取尺寸时，应调节到外卡钳在稍有摩擦感觉的情况下通过量规，如图 2-46b 所示。然后将两测量角分别放在被测工件相互平行的平面间，并在被检查平面上检测至少三处。

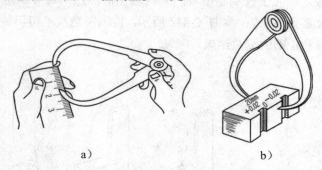

a)　　　　　　　　　　　　b)

图 2-46　卡钳的取值方法

也可用游标卡尺在被测平面上多处截面检测尺寸是否一致，来判断平面度是否符合图纸精度要求。

4．圆弧面误差检验

圆弧面质量包括轮廓尺寸精度、形状精度和表面粗糙度等。

圆弧面线轮廓度误差用半径样板（图 2-47a）检测。检测方法如图 2-47b 所示。半径样板与工件圆弧面间的缝隙均匀，透光微弱，则圆弧面轮廓尺寸、形状精度合格；反之，则不符合要求。

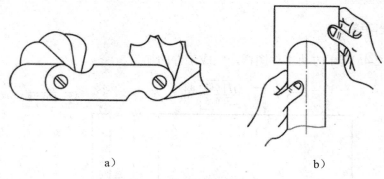

a)   b)

图 2-47 圆弧面误差的检测

a）半径样板；b）检测方法

5．检查表面粗糙度

检查表面粗糙度一般用眼睛直接观察。为鉴定准确，可用表面粗糙度样板对照检查。

（七）锉刀的安全文明规范

通常，锉刀的安全文明规范有以下几个。

（1）锉刀是右手工具，应放在台虎钳的右面以方便取用；锉刀柄不可伸出钳台外面，以防碰落时伤人或损坏。锉刀放置时应避免与其他金属硬物相碰，也不能堆叠，以免损伤锉纹。

（2）不可使用没有装柄、柄已开裂或没有加柄箍的锉刀。不能把锉刀当作装拆、敲击或撬物的工具，防止锉刀折断。使用整形锉时，用力不能过猛，以免锉刀折断。

（3）锉削时锉刀柄不能撞击工件，以免锉刀柄脱落伤手。

（4）锉削时应先持续使用一个锉面，用钝后再用另一个锉面，否则会使锉刀面容易锈蚀，进而缩短其使用寿命。锉削加工过程中要充分使用锉刀的有效工作长度，避免局部磨损。

（5）不能用锉刀的刀面来锉削毛坯的硬皮、氧化皮以及淬硬的工件表面，而应用其他工具或锉刀的边齿来除锈。

（6）在锉削过程中，应及时消除锉纹中嵌入的切屑，以免刮伤工件表面；锉刀用完后，也应及时清除锉齿中残留的切屑，以免生锈。清除切屑应用钢丝刷顺锉纹方向轻轻刷去，或用铜片剔除。

（7）不能用嘴吹切屑，以防切屑飞入眼中，也不能用手直接清除切屑，以防切屑伤手。不可用手触摸锉削面，以及正在锉削的工作表面，否则由于手上有油污，易使锉刀在锉削时打滑。

（8）避免锉刀沾水、沾油，以防锈蚀或使用时打滑。

实践与提高

1．平面锉削练习

根据如图 2-48 所示方块工件图样，完成工件的加工。

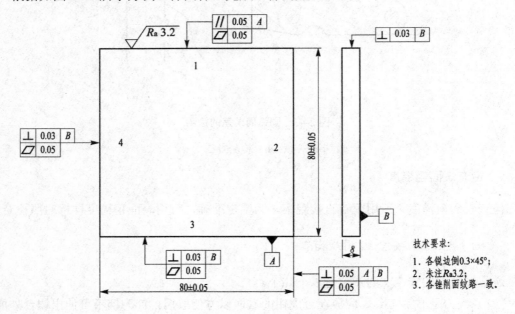

图 2-48　方块工件图样

（1）工量具准备。游标卡尺、千分尺、钢直尺、板锉（粗、中、细）、90°角尺、手锯、高度游标卡尺等。

（2）加工方法与步骤。

① 备料、打标记。

② 加工基准面 3，保证平面度 0.05 mm，与大平面（基准面 B）的垂直度 0.03 mm。

③ 加工面 2，保证平面度 0.05 mm，与面 3 的垂直度 0.05 mm，与基准面 B 的垂直度 0.05 mm。

④ 以面 3、面 2 为基准用，取尺寸为 80 mm，用高度游标卡尺划面 1、面 4 的加工界线。

⑤ 锉削 1 面到尺寸（80±0.05）mm，同时保证平面度 0.05 mm，与大平面（基准面 B）的垂直度 0.03 mm，与面 3 的平行度 0.05 mm。

⑥ 锯削面 4 到尺寸（80±0.05）mm，同时保证平面度 0.05 mm，与大平面（基准面 B）的垂直度 0.03 mm。

⑦ 去毛刺，检测。

（3）锉削平面的要领。

① 掌握正确的姿势和动作。

② 施加合适的锉削力，锉削时锉刀保持直线平衡运动，因此，在操作时注意力要集中，练习过程中要用心领会。

③ 练习前了解熟悉造成锉面不平的具体原因，如表 2-5 所示，便于练习中及时对照检测，分析改进。

表 2-5　平面不平的形式和原因

形式	产生的原因
平面中凸	① 锉削时双手的用力不均，没有使锉刀保持平衡； ② 锉刀开始推出时，右手压力太大，锉刀被压下；锉刀推到前面，左手压力太大，锉刀被压下，形成前、后面多锉； ③ 锉削姿势不正确； ④ 锉刀本身中凹
对角扭曲或塌角	① 左手或右手施加压力的中心偏在锉刀的一侧； ② 工件未正确夹持； ③ 锉刀本身扭曲
平面横向中凸或中凹	锉刀在锉削时左右移动不均匀

2．曲面锉削练习

根据如图 2-49 所示平键图样，完成工件的加工。

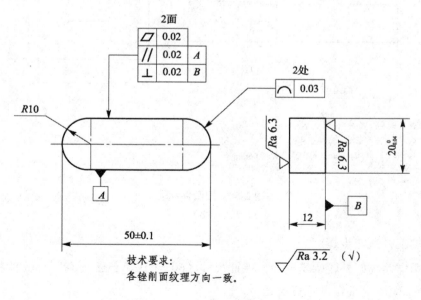

图 2-49　平键锉削图样

加工方法与步骤如下。

（1）备料：规格为 51 mm×21 mm×8 mm 的待锉平键一块。

（2）锉削基准面 B，保证一定的平面度，以及要求的表面粗糙度 R_a6.3 μm。锉削基准面 A，保证平面度 0.02 mm，且与基准面 B 的垂直度 0.02mm。

（3）划出加工位置的十字中心线，利用划规根据图样要求划出 R10 mm 的圆弧加工线。

（4）打样冲眼。

（5）锉削基准面 B 的相对面，保证尺寸 12 mm 和一定的平面度，以及要求的表面粗糙度 R_a6.3 μm。锉削基准面 A 的相对面，保证尺寸精度 $20_{-0.04}^{\;0}$ mm、平面度 0.02 mm，与基准面 A 的平行度 0.02 mm，与基准 B 的垂直度 0.02 mm。

（6）分别锉削两段 R10 mm 的圆弧面，保证各自的线轮廓度 0.03 mm 和总长尺寸精度（50±0.1）mm。

（7）去毛刺、检测。

3．锉配练习

根据如图 2-50 所示凹凸件图样，完成工件的加工。

（1）工量具准备。手锯、板锉（粗、中、细）、方锉、刀口尺、直角尺等。

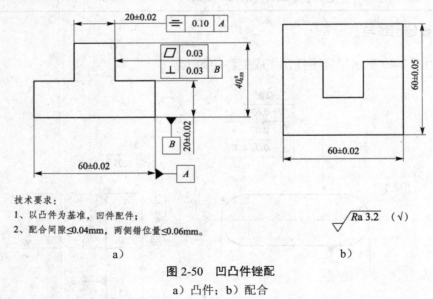

技术要求：
1、以凸件为基准，凹件配件；
2、配合间隙≤0.04mm，两侧错位量≤0.06mm。

a）

b）

图 2-50　凹凸件锉配

a）凸件；b）配合

（2）加工方法与步骤。

1）按图样锉削好外轮廓基准面，保证尺寸（60±0.02）mm，$40_{-0.03}^{\;0}$ mm 的精度，以及对应平面的平面度、垂直度等要求。

2）依照图样划出凹凸体加工线，并根据需要钻出相应工艺孔。

3）加工凸形体。

① 按划线锯去左上角，粗、精锉两垂直面。保证（20±0.02）mm，$40_{-0.03}^{0}$mm 两尺寸，及精度为 0.03mm 的平面度、垂直度。其中，$40_{-0.03}^{0}$mm 的尺寸尽可能准确，从而保证对称度要求。

② 按划线锯去右上角，粗、细锉两垂直面。保证（20±0.02）mm 两处尺寸，及精度为 0.03mm 的平面度、垂直度。

4）加工凹形体。

① 用钻头钻出排孔，并锯除凹形体的多余部分，然后粗锉至接近线条边界。

② 精锉凹形体顶端面，保证（20±0.02）mm 的尺寸，从而保证达到与凸形件的配合精度要求。

③ 精锉两侧垂直面，通过测量（20±0.02）mm 的尺寸，保证凸形体较紧塞入。

5）加工全部锐边倒角，并检查全部尺寸精度。

（3）注意事项

① 为了能对 20 mm 凸凹形的对称度进行测量控制，60 mm 的实际尺寸必须测量准确，并应取各点实测的平均数值。

② 20 mm 凸形体加工时，只能先去掉一垂直角的角料，待加工至要求的尺寸公差后，再去掉另一垂直角角料。

③ 为达到配合后转位互换精度，在凸凹形面加工时，必须控制垂直度误差（包括与大平面 B 面的垂直）在最小的范围内。

④ 在加工垂直面时，为防止锉刀侧面碰坏另一垂直侧面，必须将锉刀一侧在砂轮上进行修磨，并使其与锉刀面夹角略小于 90°（锉内垂直面时），刃磨后最好用油石磨光。

（4）工艺知识。

1）对称度误差。

① 对称度误差是指被测表面的对称平面与基准表面的对称平面间最大偏移距离，用符号Δ 表示，如图 2-51a 所示。

② 对称度公差带是距离为公差值 t，且相对基准中心平面对称配置的两平行平面之间的区域，如图 2-51b 所示。

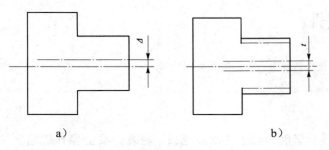

a）　　　　　　　　　　　　　　b）

图 2-51　对称度

a）对称度误差；b）对称度公差

③ 对称度误差对工件互换精度的影响。

如图 2-52 所示，如果凸凹件都有对称度误差 0.05 mm，并且在同方向位置上通过锉配达到要求间隙后，得到的两侧基准面可以对齐，而调换 180°后进行配合时就会产生两侧基准面的偏位误差，其总差值为 0.1 mm。

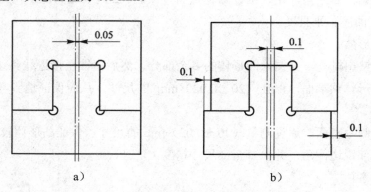

图 2-52　对称度误差对配合精度的影响

a）同方向位置的配合；b）转位后的配合

2）对称度误差的检测。

受测量工具所限，对称度误差只能用间接测量法，即测量被测表面与基准面的尺寸 A 和 B，如图 2-53 所示，其差值的一半即为对称度的误差值，即$\Delta = | A - B | /2$。

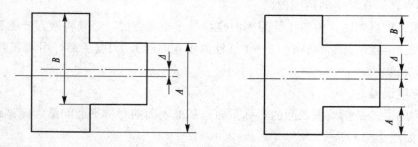

图 2-53　对称度误差的测量

任务三　锯削

任务目标

【知识目标】

（1）了解并熟知锯削的概念、应用范围、特点、安全操作规范。

（2）熟悉锯弓的类型、结构、正确使用基本方法。

（3）熟悉锯条结构、规格、选用方法。

【技能目标】

（1）掌握正确装夹锯条的方法，及手锯正常的使用、维护、保养。

（2）熟练掌握正确的握锯、起锯、收锯方法，掌握正确的锯削姿势、锯削用力、锉削速度、锯削运动等基本技能。

（3）能根据工件的材质、形状、尺寸对工件进行正确装夹。

（4）能根据工件的材质、形状、尺寸以及锯缝的尺度正确选用锯条、安装锯条，并选用适当的锯削方法进行锯削。

（5）掌握锯削相关的安全操作技能及维护保养技能。

知识与技能

用手锯将材料或工件切断或切槽的加工方法，称为锯削或锯割。锯削是钳工的一项基本技能，也是零件加工、机器维修中不可缺少的手段之一。

一、锯削的应用及特点

锯削主要用于锯断各种原材料或半成品，锯掉工件上多余部分，或在工件上开槽等。锯削精度较低，形成的断面粗糙，因而在锯削加工后通常还要进行其他方式的切削加工。

二、锯削的工具

（一）手锯的结构

1. 锯弓

钳工锯削的工具主要是手锯。手锯由锯弓和锯条组成，锯弓用来装夹、张紧锯条，并方便双手操作。锯弓可分为固定式和可调式两种。固定式锯弓只能安装一种长度的锯条，可调式锯弓可用来安装不同长度的锯条，如图 2-54 所示。

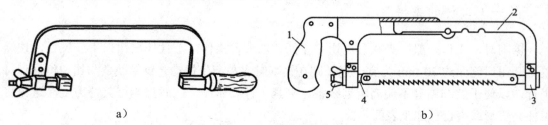

a) b)

图 2-54 锯弓的结构

a）固定式；b）可调式

1-锯柄；2-锯弓；3-方形导管 4-夹头；5-翼形螺母

2. 锯条

锯条用碳素工具钢制作，并经淬火处理。锯条的规格以两安装孔的中心距来表示，其长度有 150 mm，200 mm，300 mm，400mm 几种，常用的手工锯条为长 300 mm，宽 12 mm，厚 0.8 mm。在制造时，全部锯齿按交叉形或波浪形左右错开（称为锯路），如图 2-55 所示。

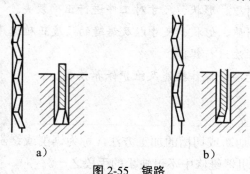

a)   b)

图 2-55　锯路

a）交叉排列；b）波浪排列

（二）锯条的选用

锯齿有粗细之分，其粗细用每 25 mm 长度内锯齿的个数来表示。一般可分为粗齿（齿）、中齿（齿）、细齿（齿）三种。锯齿粗细的选择应根据被加工材料的硬度和尺寸大小来确定。

表 2-6　锯条的选用

规格	每 25 mm 长度内锯齿的个数	应用
粗齿	14～18	锯割软钢、铝、铅、铜、橡胶等较软的材料
中齿	22～24	锯割中等硬度的钢、厚壁的钢管、铜管等材料
细齿	32	锯割小而薄的材料、较硬的材料

三、锯削的方法与技能

（一）工件的夹持

锯削时，工件一般应夹在台虎钳的左面，以方便操作。工件伸出钳口不应过长，使锯缝离开钳口侧面约 20 mm 为宜，过长则在锯削时容易产生振动。锯缝线要与钳口侧面保持平行，以便于控制锯缝不偏离所划线条。夹紧工件要牢靠，同时控制好夹持力度，避免将工件夹变形或夹伤已加工表面。

（二）锯条的安装

1. 方向

手锯是在前推的过程中起切削作用的。因此安装锯条时，齿尖必须向前，如图 2-56a 所示。如果装反了，如图 2-56b 所示，就不能正常切削。

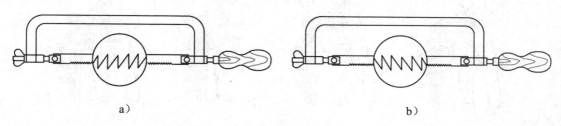

图 2-56 锯条的安装

a）正确；b）错误

2. 锯条的松紧

锯条装夹的松紧程度要适当，不宜过紧或过松。锯条安装得太紧则受力大，在锯削中稍有不当，就会折断；太松则锯削时锯条容易扭曲，也易折断，而且锯缝容易歪斜。锯条的松紧可以通过调节螺母来调整，其松紧程度以用手扳动锯条时感觉硬实即可。调节好的锯条，其平面应平直，且与锯弓的中心平面平行，不得倾斜或扭曲，否则锯削时锯缝极易歪斜。

（三）手锯握法

握锯方法，如图 2-57 所示，右手满握锯柄，主要施加推力，把控方向；左手轻扶在锯弓前端，协助右手把持方向和保持平衡稳定。

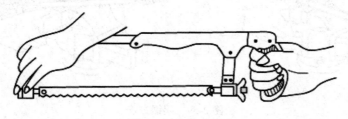

图 2-57 握锯方法

（四）锯削姿势

如图 2-58 所示，锯削时，操作者右脚伸直，左脚弯曲，身体向前倾斜，重心落在左脚上，两脚站稳不动，靠左膝的屈伸使身体做往复摆动。在起锯时身体稍向前倾，与竖直方向夹角保持 10° 左右；随着行程加大，身体逐渐向前倾；行程达 2/3 时，身体倾斜大约 18°；锯削最后 1/3 行程时，用手腕推进锯弓，身体反向退回到 15° 角位置。回程时，左手扶持锯弓不加力，稍微提起锯弓，身体退回到最初位置。

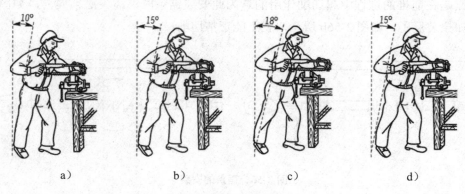

图 2-58　锯削姿势

a）起锯；b）推锯；c）行程至 2/3；d）最后 1/3 行程

（五）起锯与收锯

1. 起锯

起锯是锯削工作的开始，有远起锯和近起锯两种方法，如图 2-59 所示。在实际锯削中，一般采用远起锯法。起锯时，锯条要垂直于工作表面，并以左手拇指靠稳锯条，使锯条正确地锯在所需的位置上，且行程要短，压力要小，速度要慢。

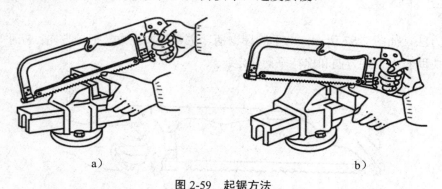

图 2-59　起锯方法

a）远起锯；b）近起锯

起锯角度（锯条与工件表面倾斜角）约为 10°，使锯条同时接触工件的齿数至少要有三个，如图 2-60 所示。如果起锯角度过小，锯齿与工件表面同时接触的齿数过多，不易切入工件，会造成锯条拉伤工件表面和锯缝偏移；如果起锯角度过大，锯齿会钩住工件的棱边，会使锯齿崩裂。

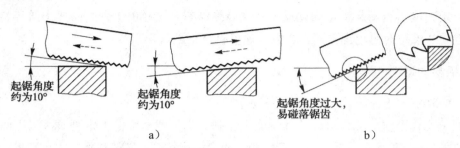

图 2-60　起锯角度

a）正确；b）过大易崩齿

起锯锯到槽深 2～3 mm，锯条不会再滑出槽外时，拇指离开锯条，并应逐渐扶正锯弓使之处于水平位置，然后向下正常锯削。正常锯削时，应使锯条的全部有效齿在每次行程中都参与切削。

2．收锯

工件将要锯断或要锯到要求的尺寸时，用力要小，速度要放慢，称为收锯。对需要锯断的工件，要用左手扶住工件断开部分，以防崩齿或锯条折断，以及工件跌落伤人或碰伤工件。对不需要直接锯断的工件，可直接用手掰断。

（六）锯削的压力、运动与速度

锯条前推时切削时，应给以适当压力；返回时不切削，应将锯稍微抬起或锯条从工件上轻轻滑过以减少磨损。快锯断时，用力要轻，以免碰伤手臂。

锯削运动一般采用小幅度的上下摆式运动，推锯时身体前倾，双手施加压力的同时，左手上翘，右手下压；回程时右手上抬，左手自然跟回。这种方式相对轻松，不易疲劳，但初学者动作掌握不好时，锯缝容易跑偏。对于锯缝底面要求平直的锯削，则应采用直线运动形式。

锯削速度应根据工件材料及其硬度而定。锯削硬材料时应低些，以每分钟 20～40 次为宜，锯削软材料时可高些，通常每分钟往复 40～60 次。锯削时，锯条行程以占锯条全长的 2/3 以上为宜，这样既可提高使用效率，又能延长锯条的使用寿命。

（七）锯削的方法

1．棒料的锯削

锯割棒料时，如果断面要求比较平整，则应从一开始不间断地连续锯削，直到锯断为止，以使断面锯纹相互平行。如果断面要求不高，则锯削过程中可改变几次方向，即将工件转过一定角度再重新起锯，如此反复几次最终锯断，这样由于锯削面变小而容易锯入。锯到靠近中心部位时可用锤击断开或放慢速度直接锯断。

2．板料的锯削

板料应从宽面上锯割，如图 2-61a 所示。

当板子比较薄时，应尽可能从其宽面上锯割。当只能从窄面上锯割时，可用两块木板夹持，如图 2-61b 所示，连同木块一起锯下，避免锯齿钩住，同时也增加了板料的刚度，使锯削时不易发生振动；或者将锯条倒装进行锯削。也可将薄板直接夹在虎钳上，用斜向横推锯的方式锯削，如图 2-61c 所示，使薄板与锯条接触的齿数增加，避免锯齿崩断。

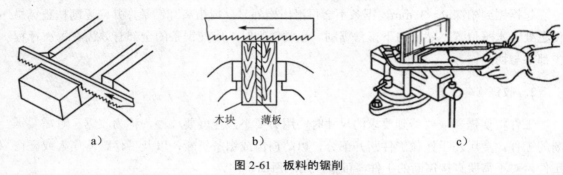

木块　薄板

a）　　　　　　　　　b）　　　　　　　　　c）

图 2-61　板料的锯削

a）扁钢；b）薄板；c）斜推锯锯法

3．圆管的锯削

管子是薄壁件，受力容易变形，因此装夹时应用 V 形槽木块垫夹在虎钳上，如图 2-62a 所示。

锯割管子时，应先从一个方向锯到管子的内壁处，然后将管子沿推锯方向转过一定角度，再以原锯缝相继锯割到内壁处；如此反复不断转动方向直到完全锯断为止，即转位锯割，如图 2-62b 所示。不可沿一个方向开始连续锯到结束，如图 2-62c 所示，这样容易崩齿。

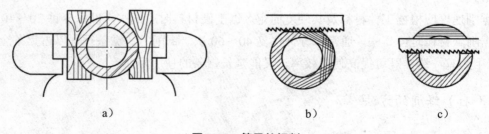

a）　　　　　　　　　b）　　　　　　　　　c）

图 2-62　管子的锯削

a）装夹；b）转位锯割；c）错误

4．角钢与槽钢的锯削

锯削时也应从宽面开始锯削，并且应依次转位装夹，从每个面锯削，才能得到比较平整的断面，而且不易损坏锯条。如果一次装夹锯到底，则锯缝深，操作不便，效率低，锯条容易折断。

5．深缝锯削

当工件尺寸较大，锯缝达到或超过锯弓高度时，锯弓就会与工件相碰，如图 2-63a 所示。此时，应将锯条转过 90°安装再进行锯割，如图 2-63b 所示。必要时可将锯条转 180°安装后锯削，如图 2-63c 所示。

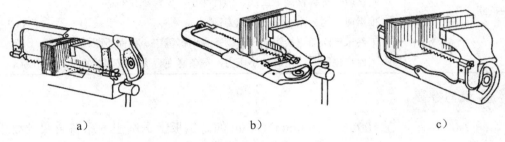

a）　　　　　　　　　　　　b）　　　　　　　　　　　　c）

图 2-63　深缝锯削

a）锯弓与工件相碰；b）锯条转 90°；c）锯条转 180°

（八）锯削的安全文明规范

通常，锯削的安全文明规范有以下几个。

（1）工件装夹、锯条安装要正确，松紧要适当。控制好起锯角，防止锯缝歪斜。

（2）锯割时用力要均匀，不可用力过猛，防止锯条折断伤人。

（3）锯割硬质材料时，可在锯缝中适当加入机油等介质，起冷却、润滑、减小摩擦的作用。

（4）锯割速度不宜过快，否则锯条容易变钝，影响锯削效率。

（5）随时观察锯缝平直情况，当歪斜时应及时纠正，但不可强力扭曲，以防锯条折断。

（6）收锯时压力要小，方法要正确，避免压力过大使工件突然断开，手向前冲而造成事故，并防止工件跌落伤人。

（7）锯割完毕，应及时将锯条放松，并将手锯按要求妥善保管，防止锯弓上的零件丢失。

（九）锯条损坏原因分析

锯条损坏原因分析如表 2-7 所示。

表 2-7　锯条损坏的原因分析

损坏形式	原因分析
锯条过早磨损	① 锯削速度过快而造成锯条过热，使锯齿磨损加快； ② 锯割过硬材料时没有使用冷却润滑液
锯齿崩断	① 锯齿粗细选择不当； ② 起锯方法不正确； ③ 锯割时，突然碰到砂眼、杂质或突然加大压力； ④ 收锯时，压力过大，速度过快
锯条折断	① 锯条安装不当，过松或过紧； ② 工件装夹不正确，夹持不稳或工件从钳口外伸过长，锯割时发生颤动； ③ 起锯时，锯缝偏离加工线，强行纠正，使锯条扭断； ④ 推锯时，用力太大或突然加力； ⑤ 工件未锯断而更换锯条，新锯条在旧锯缝中卡住而折断； ⑥ 工件将锯断时，没有减小压力，锯条碰在台虎钳或其他物件上而折断

实践与提高

　　如图 2-64 所示，在 100 mm×60 mm×8mm 的薄钢板上锯削出 6 条符合尺寸要求的锯缝。

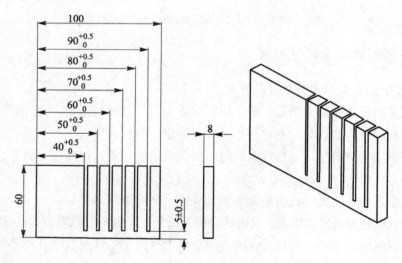

图 2-64　锯削练习图样

　　（1）工量具准备。手锯、划针、划线盘、高度游标卡尺、样冲、钢直尺、直角尺、平板、方箱等。

　　（2）加工方法与步骤。

　　① 检查毛坯尺寸，清洁表面油污。

② 划线。如图 2-65 所示，分别以底面和侧面为基准，按图样所示每条锯缝的上、下极限尺寸划线，并沿线打上必要的样冲眼。

③ 锯削。依照图样 2-65，从右向左依次锯削每条锯缝（即先锯割尺寸大的缝，再锯割尺寸小的缝）。锯割时，始终保持每条锯缝的左侧面处于该锯缝的两个极限尺寸所在线的之间，以保证每条锯缝要求的尺寸精度，以及必要的平直度。同时注意，使每条锯缝的底面处于 4.5 mm 和 5.5 mm 的两条线之间。

④ 去毛刺，检测。

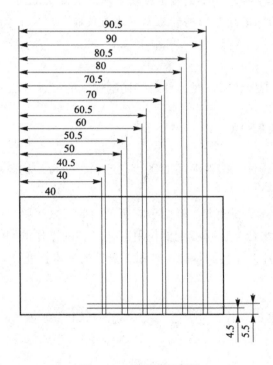

图 2-65 锯削练习划线

任务四 錾削

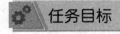 任务目标

【知识目标】

（1）了解錾削的概念、特点、应用范围。

（2）熟悉錾子的结构、功用、分类。

（3）熟悉并理解錾子切削部分的结构，前角、后角、楔角的概念及其大小对錾削质量

的影响，选择方法。

（4）了解手锤的结构、功用、规格及基本使用规范。

【技能目标】

（1）掌握錾削时工件的夹持方法。

（2）掌握錾子的刃磨方法及安全操作规范，錾削时錾子的基本握法，正确的錾削姿势，以及起錾、终錾的方法。

（3）掌握手锤的基本握法，錾削时挥锤的方法及安全规范。

（4）掌握錾削平面、窄槽及油槽的基本方法与技能。

知识与技能

錾削是指利用手锤击打錾子，对工件进行切削加工的一种方法。

一、錾削的应用及特点

采用錾削，可去除铸件、锻件毛坯的飞边、毛刺、凸台，切割板料、条料，开槽以及对金属表面进行粗加工等。

錾削工作效率低，劳动强度大，但由于它所使用的工具简单，操作方便，因此在许多不便于进行机械加工的场合，仍起着重要作用；通过錾削操作的锻炼，可以提高锤击的准确性，为装拆机械设备打下扎实的基础，是钳工操作的基本技能。

二、錾削工具

（一）錾子

1. 錾子的类型

錾子是錾削的主要刃具，常用的錾子主要有扁錾（阔錾）、窄錾（狭錾）、油槽錾等。

（1）扁錾。切削刃较长，切削部分扁平，如图 2-66a 所示。扁錾用于平面錾削，去除凸缘、毛刺、飞边及切断材料等，应用最为广泛，如图 2-67 所示。

（2）窄錾。切削刃较短，且刃的两侧面自切削刃起向柄部逐渐变狭窄，以保证在錾槽时，两侧不会被工件卡住，如图 2-66b 所示。窄錾用于錾槽及将板料切割成曲线等，如图 2-68 所示。

（3）油槽錾。切削刃制成半圆形，尺寸很短，切削部分制成弯曲形状，如图 2-66c 所示。油槽錾主要用于錾削润滑油用油槽，如图 2-69 所示。

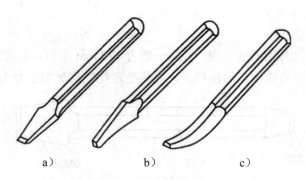

图 2-66　錾子的类型

a) 扁錾；b) 窄錾；c) 油槽錾

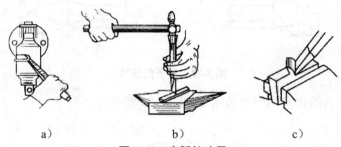

图 2-67　扁錾的功用

a) 板料錾切；b) 条料錾断；c) 平面錾削

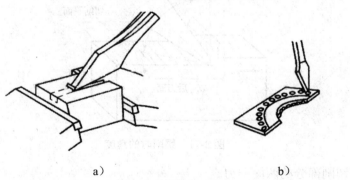

图 2-68　窄錾的功用

a) 錾槽；b) 分割曲线型板料

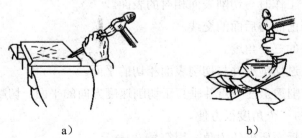

图 2-69　油槽錾的功用

a) 平面錾槽；b) 曲面錾槽

2．錾子的结构

錾子一般由碳素工具钢锻造而成，长度一般为 170 mm 左右，由切削部分、柄部、头部三部分组成。切削部分磨成所需的楔形后，经热处理便能满足切削要求，如图 2-70 所示。

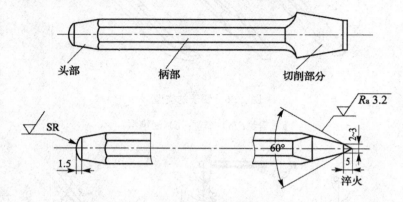

图 2-70　錾子的结构

錾子切削部分的结构及切削时的角度如图 2-71 所示。

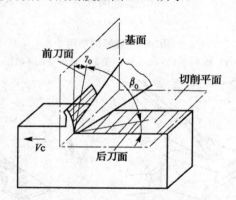

图 2-71　錾削时的角度

（1）錾子切削部分的两面一刃。

① 前刀面：錾子工作时与切屑接触的表面。

② 后刀面：錾子工作时与切削表面相对的表面。

③ 切削刃：錾子前面与后面的交线。

（2）錾子切削时的三个角度。

① 切削平面：通过切削刃并与切削表面相切的平面。

② 基面：通过切削刃上任一点并垂直于切削速度方向的平面。切削平面与基面相互垂直，这对于讨论錾子的三个角度很方便。

③ 楔角：前面与后面所夹的锐角，用符号 β_0 表示。

④ 后角：后面与切削平面所夹的锐角，用符号 α_0 表示。

⑤ 前角：前面与基面所夹的锐角，用符号 γ_0 表示。

（3）角度大小的影响及选择。

① 楔角。楔角由刃磨时形成，楔角大小决定了錾子切削部分的强度及切削阻力大小。楔角越大，刃部的强度就越高，但受到的切削阻力也越大。因此，在满足强度的前提下，应刃磨出尽量小的楔角。通常情况下，錾削硬材料时，楔角可大些，錾削软材料时，楔角应小些，如表 2-8 所示。

表 2-8　推荐选择的楔角大小

材　　料	楔　　角
中碳钢、硬铸铁等硬材料	$60°\sim70°$
一般碳素结构钢、合金结构钢等中等硬度材料	$50°\sim60°$
低碳钢、铜、铝等软材料	$30°\sim50°$

② 后角。后角的大小决定了錾子切入深度及切削的难易程度。后角越大，切入深度就越大，切削阻力越大。反之，后角越小，切入就越浅，切削越容易，但切削效率越低。后角太小时，会因切入分力过小而不易切入材料，錾子易从工件表面滑过，如图 2-72 所示。一般后角取 $5°\sim8°$较为适宜。

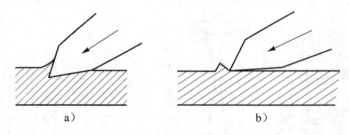

图 2-72　后角大小对錾削的影响

a）后角过大；b）后角过小

③ 前角。前角的大小决定切屑变形的程度及切削的难易程度。由于前角 $\gamma_0=90°-(\alpha_0+\beta_0)$，因此，当楔角与后角都确定后，前角的大小也随之而定。

（二）手锤

手锤是錾削时的敲击工具，也是钳工常用的装、拆工件时必不可少的工具。

1. 手锤的结构

手锤由锤头、楔铁、手柄等组成，如图 2-73 所示。其中锤柄多用木材制成，装锤柄的锤孔常制作成椭圆形的，且孔的两端口比中间大，成凹鼓形，这样便于安装手柄。为了防止手柄在使用中松动而致锤头脱落发生意外，手锤安装时须在锤孔中镶入金属楔子。

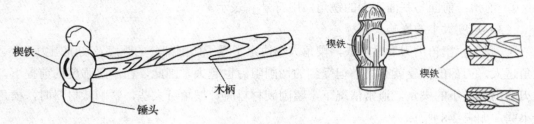

图 2-73　手锤的结构

2．手锤的分类

（1）按锤头材质分。按制作锤头的材质，手锤有软、硬之分。硬锤主要用于錾削，其材料一般为碳素工具钢，锤头两端的锤击面经淬硬处理后磨光。木柄用硬木制成，如胡桃木、檀木等。

软锤多用于装配和矫正，其材料一般有铅、铝、铜、硬木、橡皮等，也可在硬锤头上镶入或焊接一段铅、铝、铜等材料而成。

（2）按形状分。手锤按锤头形状分，有圆头和方头之分如图 2-74 所示。圆头手锤一般用于錾削、装拆零件时使用，方头手锤一般用于打样冲眼时使用。

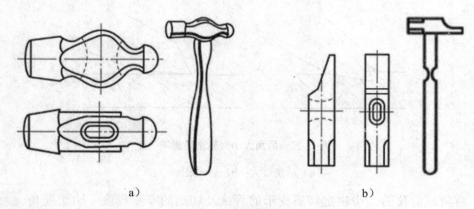

a）　　　　　　　　　　　　　　　　b）

图 2-74　手锤的分类

a）圆头手锤；b）方头手锤

3．手锤的规格

手锤的规格按锤头质量来划分，钳工使用的硬锤，常见规格有 0.25 kg，0.5 kg，1 kg 等。

三、錾削的方法与技能

（一）錾子的刃磨

錾子的好坏会直接影响加工表面质量的优劣和生产效率的高低。錾子经过一段时间的使用后会磨损变钝而失去切削能力；在被锤击的过程中，錾子头部也会产生毛翅，这时就要在砂轮机上进行刃磨或修磨。

1. 刃磨方法与安全规范

（1）刃磨时，将錾子的切削刃水平置于砂轮外缘上，并略高于砂轮中心，手持錾子在砂轮轮宽方向上左右平行移动，动作要平稳、均衡，如图 2-75 所示。

（2）手握錾子时要掌握好方向和位置，以确保刃磨角度的准确性。刃磨前面和后面时应交替进行，以保证两个面对称。

（3）刃磨压力要均匀，用力不可太大，以免切削部分因过热而退火。刃磨过程中，要经常将錾子浸入冷水中冷却。

（4）注意安全。身体的站立位置应偏离砂轮旋转平面的一侧。砂轮旋转方向应正确，以保证磨屑向地面飞溅。

（5）不可用棉纱裹住錾子进行刃磨。

图 2-75　錾子的刃磨

2. 錾子刃磨的要求

刃磨时，錾子的几何形状及角度值应根据用途及加工材料的性质确定。錾子楔角的大小，要根据被加工材料的硬软来确定，如表 2-8 所示。

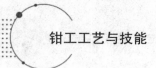

（二）錾子的握法

1. 正握法

正握时，錾子主要用左手的中指、无名指和小拇指握持，大拇指与食指自然合拢，錾子的头部伸出约 20 mm，如图 2-76a 所示。

2. 反握法

手心向上，手掌悬空，大拇指捏在錾的前方，中指、无名指、小指自然放置，如图 2-76b 所示。

錾削时，不论何种握法，錾子不能握得太实，否则，手会受到很大的振动。小臂要自然平放，并使錾子保持正确的后角。

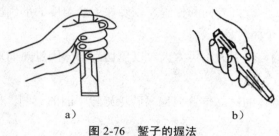

a）   b）

图 2-76　錾子的握法
a）正握法；b）反握法

（三）錾削姿势

錾削时，两脚互成一定角度，左脚跨前半步，右脚稍微朝后，如图 2-77a 所示。身体自然站立，重心偏于右脚。右脚要站稳，右腿伸直，左腿膝盖关节稍微自然弯曲。眼睛注视錾削处，以便观察錾削的情况，而不应注视锤击处。左手握錾子使其在工件上保持正确的角度。右手挥锤，使锤头沿弧线运动，进行敲击，如图 2-77b 所示。

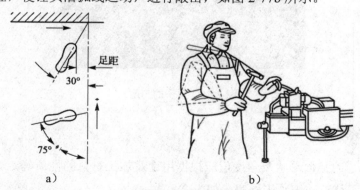

a）   b）

图 2-77　錾削姿势
a）两脚姿势；b）敲击

（四）手锤的握法

1. 紧握法

用右手五指紧握锤柄，大拇指合在食指上，虎口对准锤头方向，木柄尾端露出 15～30 mm。敲击过程中五指始终紧握，如图 2-78a 所示，初学者往往采用此法。

2. 松握法

用大拇指和食指始终握紧锤柄。锤击时，中指、无名指、小指在运锤过程中依次握紧锤柄。挥锤时，按相反的顺序放松手指，如图 2-78b 所示。这种方法的特点是锤击时手不易疲劳，且锤击力大。

图 2-78　手锤的握法

a）紧握法；b）松握法

（五）挥锤方法

1. 手挥

手挥是指只依靠手腕的运动来挥锤，此时，锤击力较小，一般用于錾削的开始和结尾阶段，或錾削油槽等场合，如图 2-79a 所示。

2. 肘挥

肘挥是指利用腕和肘一起运动来挥锤，敲击力较大，应用最广，如图 2-79b 所示。

3. 臂挥

臂挥是指利用手腕、肘和臂一起挥锤，锤击力最大，用于需要大量錾削的场合，如图 2-79c 所示。

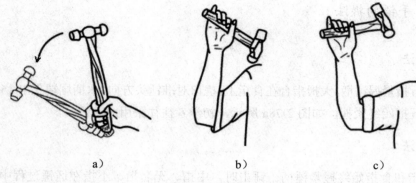

图 2-79　挥锤方法

a）手挥；b）肘挥；c）臂挥

锤击时要做到稳、准、狠。稳就是锤击时节奏和速度要保持均匀，每分钟击打 40 次左右为宜；准就是锤击命中率高，击打在錾子正中间；狠就是锤击加速有力。

（六）錾削方法

1．起錾方法

（1）斜角起錾。錾削平面时，先在工件的边缘尖角处，将錾子向下倾斜成一定的角度，轻击錾子，錾出一个斜面，再慢慢把錾子移向中间，使锋口与工件平行，按正常的錾削角度逐步向中间錾削，如图 2-80a 所示。

（2）正面起錾。錾削时，全部刃口贴住工件錾削部位端面，将錾子向下倾斜成一定的角度，錾出一个斜面，然后按正常角度錾削，如图 2-80b 所示。正面起錾常用于錾削槽。

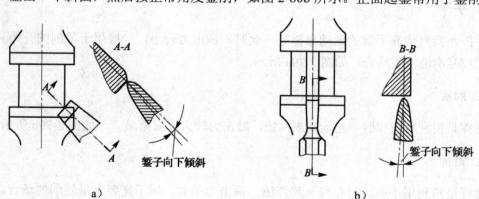

图 2-80　起錾方法

a）斜角起錾；b）正面起錾

2. 錾削过程

起錾后，錾削平面时，錾子的刀刃与錾削方向应保持一定角度，如图 2-81a 所示，这样錾削比较平稳，工件不易松动，锤击时也比较顺手。否则，如錾子的刀刃与錾削方向垂直，如图 2-81b 所示，则錾削不平稳，工件容易松动，加工表面粗糙，工作效率低。

錾削时，后角保持在 5°～8°之间；当錾削余量较小时，将錾子柄部上抬，适当增大后角，否则因切屑较薄，容易打滑；当錾削余量较大时，将錾子柄部下压，适当减小后角，否则因切屑较厚，錾子容易扎入工件。

每錾削两三次后，可将錾子退出放回一些，作一次短暂停顿，然后再继续，这样既可观察加工面的情况，又可有节奏地放松手臂肌肉。

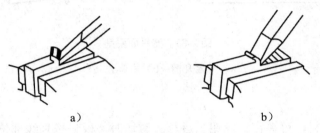

a）   b）

图 2-81 錾削过程

a）刀刃与錾削方向倾斜；b）刀刃与錾削方向垂直

3. 錾削末尾

当每次錾削接近尽头处 10～15 mm 时，工件必须调头，再錾去余下的部分，如图 2-82a 所示。錾削脆性材料如铸铁、青铜时更应如此，否则錾到最后时，工件边、角的材料会崩裂，如图 2-82b 所示，影响錾削质量。

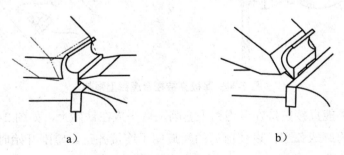

a）   b）

图 2-82 錾削末尾

a）正确；b）错误

4. 平面錾削

錾削平面时，每次錾削需去除金属的厚度为 0.5～2 mm，最后一次以 0.5 mm 厚度细錾，

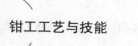

再留 0.5 mm 左右厚度的锉削余量。

錾削较窄平面时，錾子的刀刃应与錾削方向保持一定的倾斜角，见图 2-81a。

錾削较宽平面时，錾子切削部分两侧受到工件的卡阻，切削比较费力，可先用窄錾开槽，再用扁錾把槽间的凸起錾去，如图 2-83 所示。这样便于控制錾削尺寸，减轻劳动强度。

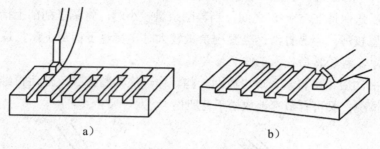

图 2-83　宽平面錾削

a）窄錾开槽；b）扁錾去凸台

5．薄板錾削

錾削小块薄板料，可夹在台虎钳上进行。錾切时，板料按划线部位与钳口对齐夹紧，用扁錾沿钳口，且刀刃与板料成 45°夹角，自右至左錾切，如图 2-84 所示。绝不可将錾子刀刃平放在板料上錾切，这会造成切面不平整且錾切困难。

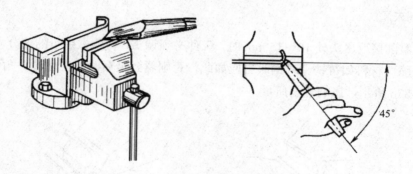

图 2-84　薄板夹持在台虎钳上錾削

较大的板料不能直接夹持在台虎钳上錾削，可平放在铁砧上，如图 2-85a 所示。这时，錾子的切削刃要刃磨成弧形，以使前后的錾痕便于连接齐正。錾削开始时，錾子要稍向前倾（如图 2-85b 所示），然后扶正（如图 2-85c 所示），依次錾切。

錾削厚板时，先沿划线边界钻出密集的排孔，再安放在铁砧上錾切。錾削直线时用扁錾（如图 2-85d 所示），錾切曲线用窄錾（如图 2-85e 所示）。

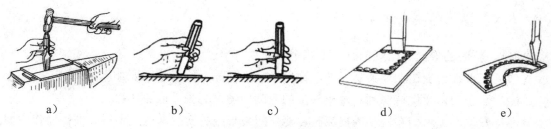

图 2-85　薄板平放在铁砧上錾削

a）平放在铁砧上；b）錾子稍向前倾；c）錾子扶正；d）扁錾；e）窄錾

6．錾油槽

錾油槽时，首先要根据图样上油槽的断面形状，对錾子进行刃磨，并在工件上按油槽的位置划好线，如图 2-86a 所示。

在平面上錾油槽，起錾时要逐渐加深至要求尺寸，再按平面錾削的方法沿划线方向正常进行。錾到尽头时，刀刃必须慢慢翘起，使槽底圆滑过渡。

在曲面上錾油槽时，錾子的倾斜角度应随曲面的位置而变动，以使錾削过程中后角始终保持不变。

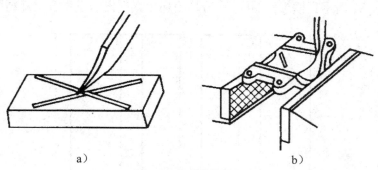

图 2-86　油槽的錾削

a）平面上錾油槽；b）曲面上錾油槽

（七）影响錾削表面质量的因素

錾削时錾削表面可能产生的几种现象及其原因分析如表 2-9 所示。

表 2-9　影响錾削表面质量的因素

现象	产生的原因
錾削表面粗糙	① 錾子淬火太硬刃口爆裂，或刃口已钝还在继续錾削； ② 锤击力不均匀
錾削表面凹凸不平	錾削中后角大小不能保持一致，后角过大时，造成下凹；后角过小时，造成上凸
崩裂或塌角	① 尤其脆性材料錾削尾部时未调头，使棱角崩裂； ② 起錾太多，造成塌角

（八）錾削的安全文明规范

通常，錾削的安全文明规范有以下几个。

（1）工件在台虎钳上要夹紧，伸出钳口 10～15 mm，同时下面要加木衬垫。

（2）錾子刃口要保持锋利，錾子头部的毛刺要随时磨去，以免伤手。

（3）发现手锤木柄有松动或损坏时，要立即装牢或更换；木柄上不得沾油；操作中握锤的手不得戴手套；錾削中手锤和錾子不准对着他人，以免工具脱手伤人。

（4）应自然地将錾子握正和握稳，使其倾斜角始终保持在 35°左右。左手握錾子时，前臂要平行于钳口，肘部不要过分下垂或抬高。眼睛的视线要对着工件的錾削部位，不可对着錾子的锤击部位。

（5）錾削时要注意安全防护，操作者也要戴上防护眼镜，以防錾下的碎屑飞出伤人。

⚙ 实践与提高

1. 錾削练习

根据如图 2-87 所示直槽工件图样，在方块毛坯上錾削出六条符合尺寸精度要求的直槽。

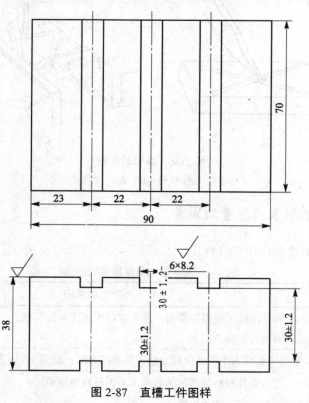

图 2-87　直槽工件图样

操作方步与步骤如下。

（1）检查材料毛坯，清洁表面，涂色。

（2）按图样尺寸划线。

（3）根据直槽宽度修磨窄錾。

（4）錾削第一条槽：正面起錾；先沿线条以 0.5 的錾削量錾第一遍；再根据槽深依次以 1 mm 左右的錾削量錾第二遍、第三遍……；最后一遍以不超过 0.5 mm 的錾削量修整至图样要求的尺寸。

（5）依次錾削第二、三、四、五、六条槽至图样要求的尺寸。

（6）检查加工质量。

2. 錾子的热处理工艺

（1）碳素工具钢化学成分。碳素工具钢的含碳量一般为 0.65%～1.35%。含碳量越高，则钢的耐磨性越好，而韧性越差。典型牌号有 T7，T8，T9，T10，T11，T12 及 T13 等。随着数字的增大，钢的硬度与耐磨性逐渐增加，而韧性逐渐下降。

（2）锻造。锻造时应选择适当的压缩比，以使钢中的碳化物细化并均匀分布；终锻（或终轧）时应选择合适的温度。终锻温度过高，锻后易形成网状碳化物；终锻温度过低，钢的塑性降低，易生成小裂纹。热加工后应快速冷却至 600～700 ℃，然后缓慢冷却至室温，以免析出粗大或网状的碳化物。

（3）热处理方法。热处理的目的是保证錾子切削部分具有较高的硬度和一定的韧性。常用的热处理方法有球化退火、淬火和回火等。

① 球化退火。加热温度范围一般为 730～800 ℃。加热过程中一部分渗碳体溶于奥氏体，残留的渗碳体自发地趋于球形以减小表面能；在随后的缓慢冷却过程中继续析出的渗碳体也接近球状，因而获得细而均匀分布的球状珠光体。

② 淬火。当錾子的材料为 T7 或 T8 钢时，可把錾子切削部分约 20 mm 长的一端均匀加热至 750～780 ℃（呈樱红色）后迅速取出，并将錾子垂直放入冷水内冷却（浸入深度为 5～6 mm）。

③ 回火。利用錾子本身的余热进行热处理。当淬火的錾子露出水面的部分呈黑色时，立即从水中取出，迅速擦去氧化皮，并观察錾子刃部的颜色变化。对一般扁錾，在錾子刃口部分呈紫红色与暗蓝色之间时；对一般尖錾，在錾子刃口部分呈黄褐色与红色之间时（褐红色）时，将錾子再次放入水中冷却，即可完成錾子的回火处理。

任务五　钻削

任务目标

【知识目标】

（1）了解钻孔、扩孔、铰孔、锪孔的概念、特点、应用。

（2）熟悉麻花钻的结构、功用、切削部分的参数及其对切削过程的影响。

（3）分析比较扩孔钻、铰刀、锪钻与麻花钻在结构和功用上的异同点。

（4）熟悉钻孔、扩孔、铰孔的切削用量及其选用，切削液的选用。

（5）熟悉孔加工的安全注意事项和文明生产规范。

【技能目标】

（1）掌握麻花钻正确的刃磨方法。

（2）掌握钻头、工件的装夹方法。

（3）掌握钻床的基本操作方法，转速和头架高度的调整方法。

（4）掌握钻孔、扩孔、铰孔的基本操作技能。

（5）能正确分析影响钻孔、扩孔、铰孔加工质量的原因，提出改进措施。

（6）掌握孔加工的安全文明生产技能。

知识与技能

钻削是使用孔加工设备、刀具加工出孔，或对孔再切削加工的操作，包括钻孔、扩孔、锪孔、铰孔等，如图 2-88 所示。

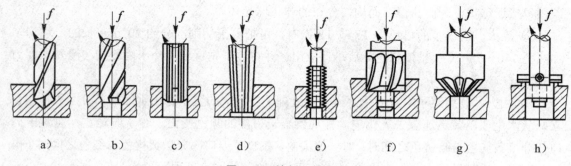

图 2-88　钻削及其应用

a）钻孔；b）扩孔；c）铰圆柱孔；d）铰圆柱孔；e）攻丝；f）锪圆柱孔；g）锪圆锥孔；h）锪端面

一、钻削的应用及特点

（一）钻孔

用钻头在实心材料上加工出孔的操作称为钻孔。钻孔的工作多数是在各种钻床上进行的。钻孔时，工件固定不动。钻头装在钻床主轴内，一边旋转，一边沿钻头轴线方向切入工件内，钻出钻屑。因此，钻头的运动是由以下两种运动合成的，如图 2-89 所示。

图 2-89　钻孔

（1）切削运动：主运动，是钻头绕本身轴线的旋转运动，它使钻头沿着圆周进行切削。

（2）进给运动：进刀运动，是钻头沿轴线方向的前进运动，它使钻头切入工件，连续地进行切削。

钻孔是粗加工，精度为 IT11～IT12，表面粗糙度 $R_a \geqslant 12.5\ \mu m$。

（二）扩孔

用扩孔工具将工件上已加工出的孔径扩大的操作称为扩孔，如图 2-88b 所示。其公差可达 IT9～IT10 级，表面粗糙度可达 $R_a 3.2\ \mu m$，加工余量为 0.5～4 mm。因此，扩孔常作为孔的半精加工和铰孔前的预加工。

（三）铰孔

用铰刀对孔进行精加工的操作称为铰孔。铰孔和钻孔、扩孔一样都是由刀具本身的尺寸来保证被加工孔的尺寸的，但铰孔的精度要高得多，是孔的精加工方法之一。铰孔时，铰刀从工件孔壁上切除微量金属层，以提高其尺寸精度和减小其表面粗糙度值。铰孔常用作直径不很大、硬度不太高的工件孔的精加工，也可用于磨孔或研孔前的预加工。

铰孔加工精度可达 IT7～IT9 级，表面粗糙度一般达 $R_a 1.6～0.8\ \mu m$。

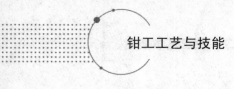

（四）锪孔

用锪孔钻在孔口表面或端面加工出一定形状的内台阶面称为锪孔，如图 2-88f、图 2-88g 所示或平面如图 2-88h 所示的操作称为锪孔。锪孔形成的结构用于螺纹孔的加工，螺纹联接件的装配，铆钉连接等。

二、钻削工具

钻孔刀具是钻头，钻头多为双刃或多刀刃结构，其切削刃对中心轴线对称排列，主要有麻花钻、扩孔钻、中心钻、扁钻及深孔钻等。钻孔刀具有整体式、装配式。其中，应用最广泛的是麻花钻。

（一）麻花钻

1. 麻花钻的结构

麻花钻一般用工具钢、高速钢（如 W18Cr4V）制成，淬火后硬度为 62～68 HRC。麻花钻主要由工作部分、颈部和柄部组成，如图 2-90 所示。

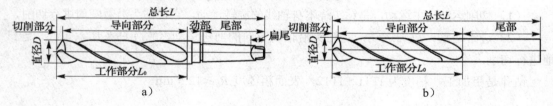

图 2-90　麻花钻的结构

a）锥柄麻花钻；b）直柄麻花钻

（1）柄部。柄部用来夹持、定心和传递动力，有锥柄和柱柄两种。直径小于 13 mm 的钻头通常做成柱柄，直径大于 13 mm 的做成锥柄。

（2）颈部。颈部是工作部分和柄部之间的连接部分，上面一般刻有钻头的规格和标号。

（3）工作部分。这主要包括导向部分和切削部分。导向部分在钻削时起引导钻头方向的作用，同时也是切削部分的后备部分，它由两条对称分布的螺旋槽和刃带组成。螺旋槽的作用是形成合适的切削刃空间，并起排屑和输送切削液的作用。刃带的作用是引导钻头在钻孔时保持钻削方向，使之不偏斜。为了减少钻头与孔壁间的摩擦，导向部分有一定的倒锥。

2. 切削部分的结构

麻花钻的切削部分担负着主要的切削工作，其结构如图 2-91 所示，俗称 5 刃 6 面。

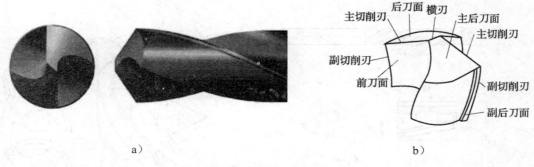

图 2-91　麻花钻的切削部分

a) 实物；b) 结构

（1）前刀面：钻头螺旋槽的表面，其作用是形成切削刃，排除切屑，输入冷却液。

（2）主后刀面：切削部分顶端的两个曲面，它与工件表面相对。

（3）副后刀面：钻头外圆柱面上的螺旋形棱面，是与已钻出孔壁部分相对应的面。

（4）主切削刃：前刀面与主后刀面的交线，是钻孔的主要切削部分。

（5）副切削刃：前刀面与副后刀面的交线，又称棱刃，对已切削孔壁具有光整作用。

（6）横刃：两个主后刀面的交线，在起钻时具有定心作用。横刃太短时，钻头强度低；太长时，钻削阻力增大，钻头会产生过热，使钻头磨损加快。

（7）钻心：钻头工作部分沿轴心线的实心部分，起连接两螺旋形刃瓣和保持钻头强度和刚度的作用。

（二）扩孔钻

1．扩孔钻的结构

扩孔钻的形状、结构与麻花钻相似，不同的是其有 3～4 个刃带，无横刃。

扩孔钻按刀体结构不同可分为整体式和镶片式两种；按装夹方式不同可分为直柄、锥柄和套式三种。常用扩孔钻的结构如图 2-92 所示。必要时，麻花钻也可用于扩孔。

2．扩孔钻的结构特点

（1）导向性好。扩孔钻有较多的切削刃，即有较多的刀齿棱边刃，切削较为平稳。

（2）可以增大进给量和改善加工质量。由于扩孔钻的钻心较粗，具有较好的刚度，故其进给量为钻孔时的 1.5～2 倍，但切削速度应为钻孔的 1/2 左右。

（3）吃刀深度小，排屑容易，加工表面质量较好。

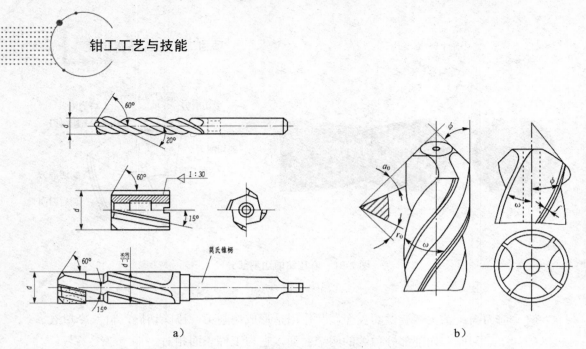

图 2-92　部分扩孔钻的结构

a）扩孔钻；b）切削部分结构

（三）锪钻

锪钻是两刃或多刃的切削工具，如图 2-93 所示，有专制的或由麻花钻通过刃磨改制的两类。锪钻主要有圆锥锪钻、圆柱锪钻、端面锪钻等。

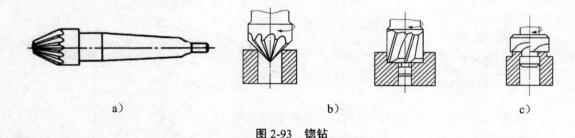

图 2-93　锪钻

a）圆锥锪钻；b）圆柱锪钻；c）端面锪钻

（四）铰刀

1. 铰刀的种类

铰刀是铰孔的刀具。铰刀一般分为手用铰刀和机用铰刀两种，如图 2-94 所示。常用的铰刀有标准圆柱铰刀、可调铰刀、锥度铰刀、螺旋槽铰刀以及硬质合金铰刀等。

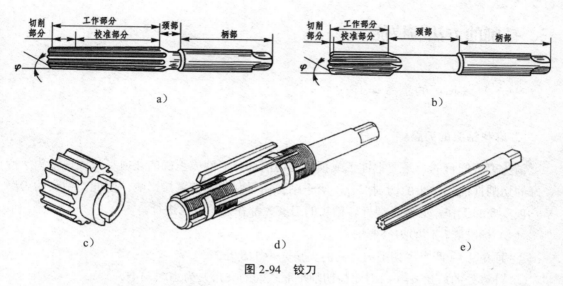

图 2-94 铰刀

a）手用铰刀；b）机用铰刀；c）套式机用铰刀；d）可调手用铰刀；e）锥度铰刀

2. 铰刀的结构特点

铰刀由柄部、颈部和工作部分组成。柄部用于装夹、传递扭矩和进给力的部分，有直柄和锥柄两种。颈部用于磨制铰刀时砂轮的退刀，同时也可用于刻印商标和规格。工作部分可分为切削部分和校准部分。

（1）切削部分——在切削部分磨有切削锥角 Φ。切削锥角决定了铰刀切削部分的长度，对切削时进给力的大小、铰削质量和铰刀寿命都有较大的影响。一般手用铰刀取 $\Phi=30'\sim1°30'$，以提高定心作用，减小进给力。机用铰刀铰削碳钢及塑性材料通孔时，取 $\Phi=15°$；铰削铸铁及脆性材料时，取 $\Phi=3°\sim5°$；铰不通时孔，取 $\Phi=45°$。

（2）校准部分——主要用来导向和校准铰孔的尺寸，也是铰刀磨损后的备磨部分。

铰刀齿数一般为 6～16 齿，可使铰刀切削平稳、导向性好。为克服铰孔时出现的周期性振纹，手用铰刀通常采用不等距分布刀齿。

3. 手用铰刀与机用铰刀的区别

（1）柄部的区别：手用铰刀的柄部有四方形状，用于安装铰杠；机用铰刀的柄部一般是圆柱形或带有莫氏锥度。

（2）头部的区别：手用铰刀头部校准部分较长，导向部分呈锥形；机用铰刀头部校准部分较短。

三、钻削的方法与技能

（一）钻孔前的准备工作

1. 麻花钻头的刃磨

钻头刃磨的目的，是要把钝了或损坏的切削部分刃磨成正确的几何形状，使钻头保持良好的切削性能。钻头的切削部分，对于钻孔质量和效率有直接影响。因此，钻头的刃磨是一项重要的工作，必须掌握好。钻头的刃磨大都在砂轮机上进行。

（1）标准麻花钻的刃磨要求。

① 顶角 2φ（两个主切削刃之间的夹角）为 $118°\pm2°$。

② 外缘处的后角 α_0（后刀面与切削平面之间的夹角）为 $10°\sim14°$。

③ 横刃斜角（横刃与主切削刃之间的夹角）ψ 为 $50°\sim55°$。

④ 两主削刃长度以及和钻头轴心线组成的两 φ 角要相等，否则将使钻出的孔扩大或歪斜，同时，由于主切削刃所受的切削抗力不均衡，造成钻头振摆而加剧磨损。

（2）标准麻花钻的刃磨及检验方法。

① 两手握法。刃磨时，右手握住钻头的头部，左手握住柄部，使钻头的中心线与砂轮母线在水平面内的夹角等于钻头顶角 2φ 的一半，被刃磨部分的主切削刃处于水平位置，如图 2-95a 所示。

② 刃磨动作。让主切削刃在略高于砂轮水平中心平面处先接触砂轮，右手缓慢地使钻头绕自己的轴线由下向上转动，同时施加适当的刃磨压力；左手配合右手做缓慢的同步上下摆动，下摆时压力逐渐增大，上摆时压力逐渐减小，这样就能使整个后面都能磨到，且磨出需要的后角。还应适当地做右移运动，使钻头近中心处磨出较大后角。如此反复，两后面经常轮换，直至达到刃磨要求的角度。

③ 钻头冷却。钻头刃磨时压力不宜过大，并要及时蘸水冷却，以防过热退火而降低硬度。

④ 刃磨检验。钻头刃磨过程中要及时用检验样板、角尺或用目测法检验顶角、两条主切削刃的长度、横刃斜角、后角符合刃磨要求。

⑤ 修磨横刃。钻头修磨横刃的目的，是使横刃适当变短，从而在钻削中易于定心，减少过热和磨损。修磨时，钻头轴线在水平面内与砂轮侧面左倾成约 15°夹角，在垂直平面内与刃磨点的砂轮半径方向下倾成约 55°夹角，如图 2-95b 所示。

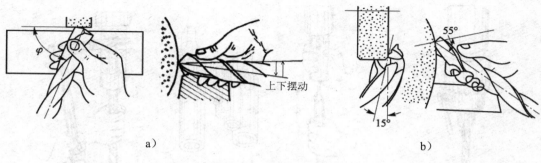

图 2-95　钻头的刃磨

a）磨主削刃；b）修磨横刃

2. 钻头的装夹

（1）钻夹头。钻夹头用来夹持尾部为圆柱体钻头的夹具，如图 2-96 所示。它在夹头的三个斜孔内装有带螺纹的夹爪，夹爪螺纹和装在夹头套筒的螺纹相啮合，旋转套筒使三个爪同时张开或合拢，可将钻头夹住或卸下。

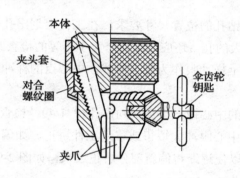

图 2-96　钻夹头

（2）钻夹套和楔铁。钻夹套是用来装夹圆锥柄钻头的夹具。由于钻头或钻夹头尾锥尺寸大小不同，为了适应钻床主轴锥孔，常常用锥体钻夹套作过渡连接。套筒以莫氏锥度为标准，它由不同尺寸组成。楔铁是用来从钻套中卸下钻头的工具，如图所示。

（3）钻头的装夹方法。直柄钻头一般用钻夹头安装，利用钻夹头钥匙旋转外套，使三只卡爪移动，从而实现钻头的装卸，如图 2-97a 所示。

锥柄钻头可以直接装入钻床主轴孔内，较小的钻头可用过渡套筒安装；钻头或过渡套筒的拆卸方法为：将楔铁带圆弧的边向上插入钻床主轴侧边的锥形孔内，左手握住钻头，右手用锤子敲击楔铁使钻头与套筒或主轴分离，如图 2-97b 所示。

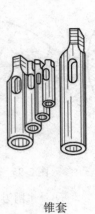

装　　　　　　　锥套　　　　　　拆

a)　　　　　　　　　　　b)

图 2-97　钻头的装夹

a）直柄钻头的装夹；b）锥柄钻头的装夹

3．工件划线

钻孔前，必要时应按钻孔的位置尺寸要求，在工件上划出孔位的中心线，按孔的大小划出孔的圆周线；直径较大的孔，还应划出几个大小不等的检查圆。并在所划圆的中心点、孔径圆及检查圆的圆周打上样冲眼作为加工界线，中心点的样冲眼应打大些，以便于起钻时定位，如图 2-98a 所示。

钻孔时先用钻头在孔的中心锪一小窝（约占孔径 1/4），检查小窝与所划圆是否同心。如稍有偏离，可用样冲将中心眼冲大矫正或移动工件矫正。如偏离较多，可用窄錾在偏斜相反方向凿几条槽再钻，以便逐渐将偏斜部分矫正过来，如图 2-98b 所示。

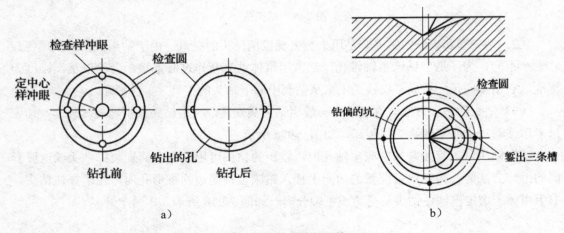

图 2-98　钻孔前的划线

a）划线方法；b）钻偏时的校正

4．工件的装夹

钻孔时，要根据工件的不同形体以及钻削力的大小（或孔径的大小）等情况，采用不同的装夹方法，以保证钻孔的质量和安全。

（1）小件或薄壁零件上钻孔时，要用手虎钳或平行夹板来夹持工件，如图 2-99a、图2-99b 所示。

（2）中等尺寸且平整的零件，可用平口钳夹紧，如图 2-99c 所示。装夹时，应使工件钻孔表面与钻头垂直。钻直径较大的孔时，须将平口钳用螺栓、压板固定。钻通孔时，工件底部应垫上垫铁，空出落钻部位，以免钻坏虎钳。

（3）大型和其他不适合用虎钳夹紧的工件，可直接用压板螺钉固定在钻床工作台上，如图 2-99d 所示。装夹时应使压板螺栓尽量靠近工件，垫铁表面应比工件压紧表面稍高，以保证较大的压紧力和避免工件在夹紧过程中移位。

（4）在圆轴或套筒上钻孔时，须将工件装夹在 V 形铁上，如图 2-99e 所示。装夹时应使钻头轴心线垂直通过 V 形体的对称平面，以保证所钻孔的中心线通过工件的轴心线。

（5）在成批和大量生产中钻孔时，可应用钻模夹具。

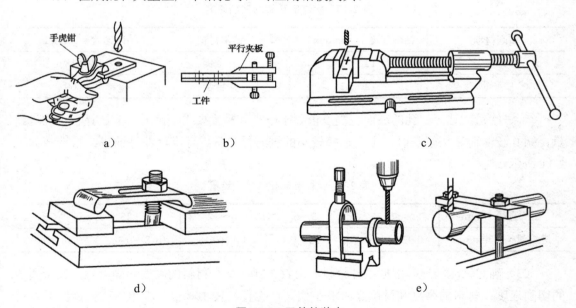

图 2-99　工件的装夹

a）手虎钳夹持工件；b）平行夹板夹持工件；c）平口钳夹紧；d）用压板螺钉固定；e）装夹在 V 形铁上

5．钻床转速的选择

钻孔前要根据工件的材料，选择相应的切削用量；根据所选的切削用量，所钻孔的直径（钻头的直径），计算出相应的转速，以此将钻床的转速调整到合适的挡位。

（1）钻削用量组成。

① 切削速度。切削速度是指钻孔时钻头外缘上某点的线速度，用符号 v 表示，单位为 m/min，其计算公式为：

$$v = \frac{\pi D n}{1000} \tag{2-3}$$

式中　D——钻头直径，单位为 mm；

　　　n——钻床主轴转速，单位为 r/min。

② 进给量。进给量是指主轴每转一转，钻头沿轴线的相对移动量，用符号 f 表示，单位为 mm/r。

③ 切削深度。切削深度是指已加工表面与待加工表面之间的垂直距离，用符号 p 表示，单位为 mm，对钻削而言，$p=D/2$。

（2）钻削用量的选择原则。

① 钻削速度的选择。钻削速度对钻头的寿命影响较大，应选取一个合理的数值。在实际应用中，钻削速度往往按经验数值选取，如表 2-10 所示。

表 2-10　标准麻花钻的钻削速度

钻削材料	钻削速度 v/（m/min）	钻削材料	钻削速度 v（m/min）
铸铁	12～30	合金钢	10～18
中碳钢	12～22	铜合金	30～60

② 进给量的选择。孔的表面粗糙度值要求较小和精度要求较高时，应选择较小的进给量；钻孔较深而钻头较长时，也应选择较小的进给量。常用标准麻花钻的进给量选择如表 2-11 所示。

表 2-11　标准麻花钻的进给量

钻头直径 D/mm	<3	3～6	6～12	12～25	>25
进给量 f/（mm/r）	0.025～0.05	0.05～0.1	0.1～0.18	0.18～0.38	0.38～0.62

（3）确定钻床转速。根据工件材料，由表 2-10，结合材料的硬度和强度确定钻削所需的切削速度；材料的强度和硬度高时取小值，钻孔直径较小时也取较小值。依据钻头直径和所选的切削速度，代入式（2-3），计算出钻头所需的转速，再以此为依据将钻床调节到所需的挡位。

6．切削液的选择

为了使钻头散热冷却，减少钻削时的钻头与工件、切屑之间的摩擦，降低切削阻力，提高钻头寿命和改善加工孔表面的质量，钻孔时应加注适当比例的乳化液作为冷却润滑的切削液。钻钢件时，也可用机油作切削液；钻铝件时，可用煤油作切削液。

（二）钻孔方法

1．起钻

起钻时，应先将钻头对准钻孔中心，轻施压力钻出一浅坑，观察钻孔位置是否正确。出现偏斜时，要及时校正，保证钻孔位置准确。偏位少时，可在起钻的同时用力将工件向偏位反方向推移，达到逐步校正；偏位多时，可在校正方向上打上几个样冲眼或用油槽錾錾出几条槽，以减少该处切削力，达到校正目的。

2．退钻

当起钻达到钻孔的位置要求后，即可持续施加压力压紧工件完成钻孔。手动进给时，进给力不应使钻头产生弯曲，以免钻头轴线歪斜。钻小直径孔或深孔时，进给力要小，并要经常退钻排屑，即抬起手柄，使钻头退出，将切屑随之带出孔外，以免切屑阻塞而扭断钻头。

3．收钻

钻孔将穿时，进给力必须及时减小，以防因钻尖从下面透出，使进给量突然过大，陡然增大切削阻力，造成钻头折断，或使工件随钻头旋转而造成事故。

4．不同孔的钻削方法

钻通孔、盲孔、深孔、大孔，以及圆柱面和倾斜表面钻孔及钻削钢件时需要注意采用特定的方式方法。

（1）钻通孔。钻通孔时，工件下面应放置垫铁或把钻头对准工作台空槽。在孔即将钻透时，进给量要小，变自动进给为手动进给，避免钻头在钻穿的瞬间抖动，出现啃刀的现象，从而影响加工质量，损坏钻头，甚至发生事故。

（2）钻盲孔。钻盲孔时，应注意钻孔的深度。控制钻孔深度的方法有：调整好钻床上深度标尺挡块；安装控制长度量具或划线做标记。

（3）钻深孔。钻深孔时，应经常退出钻头，以及时排屑和冷却。否则，容易造成切屑堵塞或钻头切削部分过热而造成钻头磨损和折断。

（4）钻大孔。直径 D 超过 30 mm 的孔应分两次钻。第一次用（0.5～0.7）D 的钻头钻孔，再用所需直径的钻头将孔扩大。这样，既利于分担钻头负荷，又有利于提高钻孔的质量。

（5）斜面钻孔。在圆柱和倾斜表面钻孔时容易发生偏切削，切削刃上的径向抗力使钻头轴线偏斜，不但无法保证孔的位置，而且容易折断钻头。此时，一般采取平顶钻头，由钻心部分先切入工件，然后逐渐钻进。

5．安全文明规范

（1）工作前。

① 按规定穿戴好劳动保护用品。

② 正确使用钻床的防护装置，不许随便拆除。

③ 应了解、熟悉钻床的结构性能，掌握钻床的操作方法。

④ 主轴转速的调整方法。

电动机的旋转动力分别由装在电动机和头架上的塔轮和 V 带传给主轴。改变 V 带在两个塔轮轮槽的不同安装位置，即可使主轴获得不同的转速。变速时必须先停车。松开螺钉推动电动机前后移动，借以调节 V 带的松紧，调节后应将螺钉及时拧紧。

⑤ 钻轴头架的升降调整。

对有自锁性的头架作升降调整时，只须先松开本身的锁紧装置，摇动升降手柄，调整到所需位置，然后再将其锁紧即可。对头架升降无自锁性的台钻作升降调整时，必须在松开锁紧装置前，将头架做必要的支撑，以免头架突然下落而造成事故。

（2）工作中。

① 工作时严禁戴手套操作。

② 装夹钻头后及时将钥匙取下，以免发生意外。

③ 严禁直接手持工件进行钻孔操作。

④ 钻头上的切屑或清除台面上的切屑应使用工具，严禁用手直接清除，或用嘴吹，以防伤人。

⑤ 停机后再拆卸工件，小心因工件过热而烫伤。

（3）工作后。

① 及时切断电源。

② 拆卸钻孔工具时，小心拿稳，以免其落下时损坏工作台，碰坏钻头。

③ 及时将机床外露滑动面及工作台面擦净，将工作现场清理干净，为各滑动面及各注油孔加注润滑油，并将工作台降到最低位置。

（三）铰孔方法

1．铰刀的选用

（1）铰刀的直径。根据待铰孔的直径确定铰刀的直径规格。

（2）铰刀的精度。标准铰刀的公差等级分为 h7，h8，h9 三个级别，根据待加工孔的精度要求选择相应精度的铰刀。若要铰削精度要求较高的孔，必须对新铰刀进行研磨，然后再进行铰孔。

2. 底孔直径的确定

铰削加工前底孔的直径由钻削底孔的钻头直径确定，故铰孔前钻削底孔时须根据下式确定所需的钻头规格：

底孔钻头的直径=铰孔直径－铰削余量。

其中铰削余量是指由上道工序（钻孔或扩孔）留下来在直径方向的待加工量。铰削余量的确定应综合考虑工件需铰孔的尺寸精度、表面质量、铰孔直径的大小、材料的软硬和铰刀的类型等因素，根据表 2-12 选择。

表 2-12　铰削余量

铰孔直径/mm	0～5	5～20	21～32	33～50	51～70
铰削余量/mm	0.1～0.2	0.2～0.3	0.3	0.5	0.8

3. 切削液的选用

铰削形成的细碎切屑易黏附在刀刃上，甚至夹在孔壁与铰刀校准部分的棱边之间，将已加工表面刮毛，以免影响表面质量和尺寸精度。另外，在铰削过程中产生的热量积累过多，也易引起工件和铰刀的变形，从而降低铰刀的寿命。因此，在铰削中须选择适当的切削液进行冷却和润滑，冲洗切屑。铰孔时切削液的选择根据工件材料由表 2-13 选用。

表 2-13　铰孔时切削液的选用

工件材料	切削液
钢材	① 10%～20%乳化液； ② 铰孔精度要求较高时，采用 30%菜籽油加 70%乳化液； ③ 高精度铰孔时，用菜籽油、柴油、猪油等
铸铁	① 可以不用； ② 煤油，但会引起孔径缩小，最大收缩量可达 0.02～0.04 mm； ③ 低浓度乳化液
铜	3%～5%的乳化液
铝	煤油
不锈钢	食醋

（四）铰孔操作

1. 手动铰孔的操作要点

（1）根据铰孔直径及铰削余量确定底孔直径，加工底孔。

（2）检查铰刀的质量和尺寸，用合适的铰杠（图 2-100）装夹铰刀。工件夹持要夹正、

夹牢而不变形。

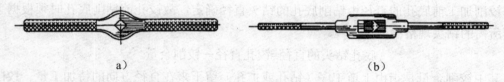

图 2-100　常用铰杠

a）固定式；b）可调式

（3）起铰时，用右手沿铰孔轴线方向上施加压力，左手转动铰刀。两手用力要均匀，保持铰刀平稳，避免孔口呈喇叭形或将孔径扩大。

（4）两手用力要平衡，轻轻用力下压，按顺时针方向转动（任何时候都不能反转）铰刀。每次停顿时不要处在同一方位。

（5）进给量的大小和转动速度要适当、均匀，并不断地加入切削液。

（6）铰削过程中，如果铰刀转不动，不能强硬扳转铰刀，否则会崩裂刀刃或折断铰刀，而应小心地抽出铰刀，检查是否被切屑卡住或遇到硬点，并及时清除粘在刀齿上的切屑。

（7）铰孔完成后，要顺时针方向旋转并退出铰刀，不论进刀还是退刀都不能反转，以防拉毛孔壁和崩裂刀刃。

2．机动铰孔的操作要点

通常，机动铰孔的操作要点主要有以下几个。

（1）机铰时，要注意机床主轴、铰刀、工件底孔三者之间的同轴度是否符合要求，必要时可采用浮动装夹。应尽量使工件在一次装夹过程中完成钻孔、扩孔、铰孔的全部工序，以保证铰刀中心与孔中心的一致性。

（2）切削速度 v 和进给量 f 的选择要适当。用高速钢铰刀铰削钢件时，v 取 4～8 m/min，f 取 0.5～1 mm/r；铰削铸铁件时，v 取 6～8 m/min，f 取 0.5～1 mm/r；铰削铜件时，v 取 8～12 m/min，f 取 1～1.2 mm/r。

（3）铰削通孔时，铰刀的校准部分，不能全部超过工件的下边，否则，容易将孔出口处划伤或划坏孔壁。

（4）铰削盲孔时，应经常退出铰刀，清除切屑。

（5）铰孔时，要及时加注润滑冷却液。

（6）铰孔完成后，必须待铰刀退出后再停车，避免铰刀将孔壁拉出刀痕。

3．铰孔常见缺陷分析

铰孔常见缺陷分析如表 2-14 所示。

表 2-14　铰孔缺陷分析

缺陷形式	产生原因
加工表面粗糙度很差	① 铰孔余量不恰当； ② 铰刀刃口有缺陷； ③ 切削液选择不当； ④ 切削速度过高； ⑤ 铰孔完成后反转退刀
孔壁表面有明显棱面	① 铰孔余量留得过大； ② 底孔不圆
孔径缩小	① 铰刀磨损，直径变小； ② 铰铸铁时未考虑尺寸收缩量； ③ 铰刀变钝
孔径扩大	① 铰刀规格选择不当； ② 切削液选择不当或量不足； ③ 手铰时两手用力不均； ④ 铰削速度过高； ⑤ 机铰时主轴偏摆过大，或铰刀中心与钻孔中心不同轴

实践与提高

根据图 2-101 所示，在板件上完成钻孔加工。

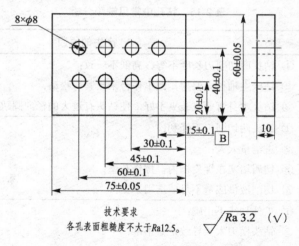

技术要求
各孔表面粗糙度不大于Ra12.5。　　$\sqrt{Ra\ 3.2}$　（√）

图 2-101　钻孔板工件图样

1．加工工艺及步骤

（1）依图样划线，并打上必要的样冲眼，确定孔的位置。

（2）确定钻头规格，刃磨钻头。

（3）装夹工件和钻头，并选好转速，调整好头架相对高度。

（4）起钻，确认并校正孔的位置正确。

（5）正常钻削。手动进给压力应均匀，不要使钻头产生弯曲现象；及时退钻，加切削液。

（6）及时收钻，防止进给量突然增大而造成事故。

（7）重复上述过程，完成各孔的加工。

2. 注意事项

（1）操作钻床时，不许戴手套，袖口须扎紧，女工及长发者须将长发盘起并戴工作帽。

（2）开动钻床前，应检查是否有钻夹头钥匙或斜铁插在钻轴上。

（3）钻孔时，不可用手和棉纱或嘴吹清除切屑，必须用毛刷清除。钻出长条切屑时，要用钩子钩断后除去。

（4）操作者的头部不得与旋转中的主轴靠得太近。停车时应让主轴自然停止，不可用手去刹住，也不准反转制动。

（5）严禁开车状态下装卸工件，检查尺寸和主轴变速必须在停车状况下进行。

（6）加注润滑油时，必须切断电源。

3. 钻孔常见缺陷分析

钻孔常见缺陷分析如表 2-15 所示.

表 2-15　钻孔中常见缺陷分析

出现的问题	产生的原因
孔径大于规定尺寸	① 钻头两切削刃长度不等、高低不一致； ② 钻床主轴径向偏摆，或工作台未锁紧有松动； ③ 钻头本身弯曲或装夹不好，使钻头有过大的径向圆跳动
孔壁表面粗糙	① 钻头两切削刃不锋利； ② 进给量太大； ③ 切屑堵塞在螺旋槽内，擦伤孔壁； ④ 切削液供应量不足或选用不当
孔位超差	① 工件划线不正确； ② 钻头横刃太长导致定心不准； ③ 起钻过偏而没有校正
孔的轴线歪斜	① 钻孔平面与钻床主轴不垂直； ② 工件装夹不牢，钻孔时产生歪斜； ③ 工件表面有气孔、砂眼； ④ 进给量过大，使钻头产生变形

出现的问题	产生的原因
孔不圆	① 钻头两切削刃不对称； ② 钻头后角过大
钻头寿命低或折断	① 钻头磨损后还继续使用； ② 切削用量选择过大； ③ 钻孔时没有及时排屑，使切屑阻塞在钻头螺旋槽内； ④ 工件未夹紧，钻孔时产生松动； ⑤ 孔将钻通时没有减小进给量； ⑥ 切削液供给不足

任务六　攻丝套丝

任务目标

【知识目标】

（1）了解螺纹的结构、特点。

（2）熟悉螺纹五要素及各参数的含义。

（3）熟知常见螺纹的种类、代号标记。

（4）熟悉螺纹丝锥、板牙、铰杠、板牙架等螺纹加工工具的类型、结构、功用、选用方法。

（5）掌握攻螺纹、套螺纹时相应的底孔直径、回杆直径的计算确定方法。

【技能目标】

（1）掌握攻螺纹、套螺纹时底孔、圆杆的加工工艺要求及加工方法。

（2）掌握攻螺纹、套螺纹的操作技能。

（3）能正确选用攻丝、套丝时所需的切削液。

（4）能正确分析造成攻丝、套丝质量问题的原因并提出改进的措施。

（5）掌握攻丝、套丝操作的安全文明生产技能。

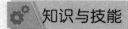

一、攻丝套丝基本知识

（一）螺纹

1．螺纹的形成

如图 2-102 所示，用一定的加工方式，在圆柱体（或圆锥体）内、外表面沿着螺旋线所形成的，具有相同断面的连续凸起和沟槽的立体结构，称为螺纹。凸起是指螺纹两侧面的实体部分，又称牙。在圆柱体（或圆锥体）外表面形成的螺纹叫外螺纹，内表面形成的螺纹叫内螺纹。

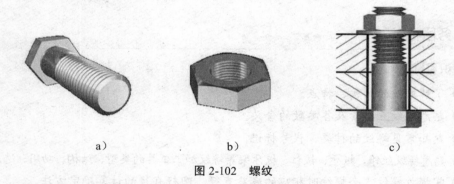

a）　　　　　　　b）　　　　　　　c）

图 2-102　螺纹

a）外螺纹（螺栓）；b）内螺纹（螺母）；c）螺纹装配（螺栓连接）

2．螺纹五要素

牙型、直径、螺距（或导程）、线数、旋向称为螺纹的五要素，它们确定了螺纹的结构和尺寸。实际中内、外螺纹总是成对使用的，而内外螺纹配合时，两者的五要素必须相同，才能正常旋合。

（1）螺纹牙型。在通过螺纹轴线的断面上，螺纹的轮廓形状，称为螺纹牙型，如图 2-102a 所示。它由牙顶、牙底和两牙侧组成，相邻两牙侧面间的夹角称为牙型角。常见的螺纹牙型有三角形、梯形、锯齿形和矩形等多种，如图 2-103b、图 2-103c、图 2-103d 所示。不同的螺纹牙型，有不同的用途。

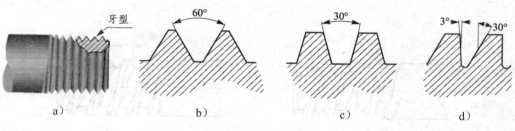

图 2-103 螺纹牙型

a）牙型；b）三角形螺纹；c）梯形螺纹；d）锯齿形螺纹

（2）螺纹直径。螺纹直径有大径、中径、小径之分，如图 2-104 所示。

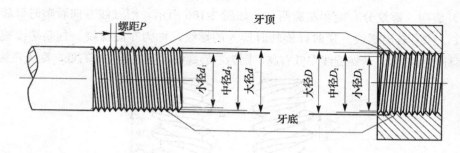

图 2-104 内外螺纹直径

① 大径（公称直径）。大径是与外螺纹牙顶或内螺纹牙底相切的假想圆柱（或圆锥）的直径。内、外螺纹的大径分别用 D 和 d 表示。

管螺纹的公称直径用管子的内径表示。

② 小径。小径是指与外螺纹牙底或内螺纹牙顶相切的假想圆柱（或圆锥）的直径。内、外螺纹的小径分别用 D_1 和 d_1 表示。

③ 中径。中径是指中径圆柱或中径圆锥的直径。该圆柱（或圆锥）的母线通过圆柱（或圆锥）螺纹上牙厚和牙槽宽相等的地方。内、外螺纹的中径分别用 D_2 和 d_2 表示。

内螺纹的小径 D_1 和外螺纹的大径 d 统称为顶径，内螺纹的大径 D 和外螺纹的小径 d_1 统称为底径。

（3）螺纹线数（又称头数）。只有一个起始点的螺纹为单线螺纹，具有两个或两个以上起始点的螺纹称为多线螺纹。螺纹的线数用 n 表示。

（4）螺距（P）和导程（P_h）。相邻两牙体对应牙侧与中径线相交两点间的轴向距离称为螺距。同一螺纹线上相邻两牙侧与中径线相交两点间的轴向距离，称为导程。由图 2-105 可知螺距和导程的关系：单线螺纹 $P=P_h$；多线螺纹 $P_h=nP$

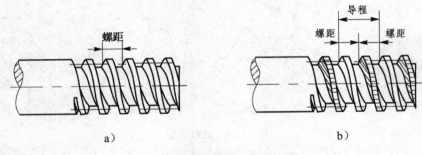

图 2-105 螺纹线数与螺距、导程

a）单线螺纹；b）多线螺纹

（5）旋向。螺纹分右旋和左旋两种，如图 2-106 所示。沿轴线方向看顺时针旋转时旋入的螺纹，称为右旋螺纹，逆时针旋转时旋入的螺纹，称为左旋螺纹。判断螺纹旋向时，也可将螺杆垂直放置，若螺旋线左低右高，则为右旋螺纹；反之若左高右低，则为左旋螺纹。

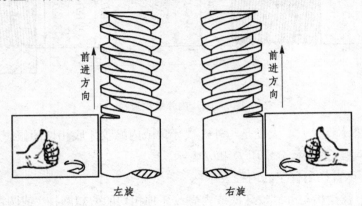

图 2-106 螺纹旋向

3．常用螺纹种类及表示方法

（1）螺纹分类。

① 螺纹按其截面形状（牙型）分为三角形螺纹、矩形螺纹、梯形螺纹和锯齿形螺纹等。其中三角形螺纹主要用于联接，矩形、梯形和锯齿形螺纹主要用于传动。在圆柱母体上形成的螺纹叫圆柱螺纹，在圆锥母体上形成的螺纹叫圆锥螺纹。

② 螺纹按螺旋线方向分为左旋的和右旋的两种，一般用右旋螺纹。

③ 螺纹按螺旋线的条数可分为单线螺纹和多线螺纹，联接用的多为单线螺纹；用于传动时要求进升快或效率高，多采用双线或多线螺纹，但一般不超过四线。

④ 螺纹按用途可分为紧固螺纹、管螺纹、传动螺纹等。

（2）螺纹的表示。螺纹的种类及其特性用代号表示，如表 2-16 所示。

表 2-16　常用螺纹的种类及其代号

种类			特征代号	代号示例	用途
紧固螺纹	普通螺纹	粗牙	M	$M8$-L-LH	最常用的联接螺纹
		细牙		$M6×0.75$-5h6h- LH	用于细小或精密的薄壁件
管螺纹	55°螺纹密封管螺纹	圆柱内螺纹	R_p	R_p1	用于水管、气管、油管等薄壁管件，用于管路的联接，其中尺寸代号表示管子内径（英寸）
		圆锥内螺纹	R_c	$R_c1/2$-LH	
		圆锥外螺纹	R_1（与 R_p 配合）	R_11	
			R_2（与 R_c 配合）	$R_21/2$-LH	
	55°非螺纹密封管螺纹		G	$G3/8A$	
传动螺纹	梯形螺纹		T_r	$T_r40×14(P7)$LH -8c-L	用于各种机床的丝杠，传递动力和运动
	锯齿形螺纹		S	$S70×10$	只能传递单向动力

（二）攻丝与套丝

螺纹的加工方法有滚压（搓丝和滚丝）、切削（铣削、磨削、攻丝和套丝）、车削等方法。钳工常用攻丝、套丝的方法加工内外螺纹。

1. 攻丝

用丝锥在工件的孔中加工出内螺纹的操作方法称为攻螺纹（攻丝），如图 2-107a 所示为手工攻丝。

2. 套丝

用板牙在圆杆上加工出外螺纹的操作方法称套螺纹（套丝或套扣），如图 2-107b 所示为手工套丝。

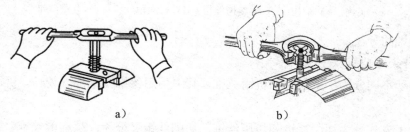

a）　　　　　　　　　　　　　　b）

图 2-107　攻丝与套丝

a）攻丝；b）套丝

二、攻丝套丝工具

（一）攻丝工具

1. 丝锥

（1）丝锥的构造。丝锥是加工内螺纹的工具。丝锥的构造如图 2-108 所示，其实质类似于表面开有槽的外螺纹（螺杆），主要由工作部分和柄部构成，工作部分包括切削部分和校准部分。切削部分一般磨成圆锥形，有锋利的切削刃，是丝锥的主要工作部分，切削负荷由多个切削刃分担。校准部分有完整的牙形，主要用于修光和校正切削部分已切出的螺纹，并具有导向作用，引导丝锥作轴向运动。工作部分开有容屑槽，以形成切削刃和排屑。丝锥的柄部做有方榫，便于夹持。

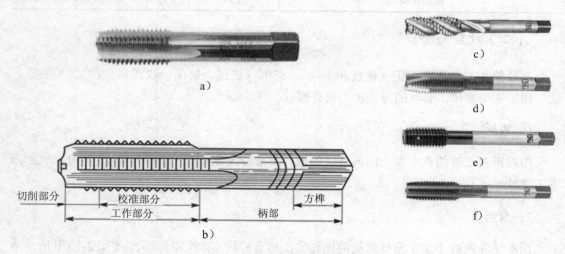

图 2-108 丝锥的结构及种类

a）实物；b）结构；c）螺旋槽丝锥；d）刃倾角丝锥；f）直槽丝锥

（2）丝锥的分类。

丝锥的分类主要有以下两个。

① 按驱动不同分为手用丝锥和机用丝锥，其中手用丝锥校准部分较长，机用丝锥校准部分较短。

② 按加工方式分为切削丝锥和挤压丝锥，切削丝锥又分为：螺旋槽丝锥、螺尖（刃倾角）丝锥、直槽丝锥等，如图 2-108 所示。

标准丝锥的容屑槽一般是直槽，制造、刃磨容易。专用丝锥制成螺旋槽，方便排屑。其螺旋槽也有左旋和右旋之分，左旋丝锥攻丝时切屑沿着螺旋槽向下排出，适用于制作通孔中的螺纹；右旋丝锥攻丝时，切屑沿着螺旋槽向上排出，适用于制作盲孔中的螺纹。

③ 按被加工螺纹分为公制粗牙丝锥、公制细牙丝锥、管螺纹丝锥等。

（3）丝锥的成组分配。为减少切削阻力，延长丝锥的使用寿命，手用丝锥是成套使用的，一般将整个切削工作分配给几只丝锥来完成。

通常 M6～M24 的丝锥每组有两支，分别叫头锥和二锥，两支丝锥的直径都是相同的，只是切削部分的锥角和长度不同，如图 2-109 所示。头锥的锥角小一些，切削部分相应长一些，约有 6 个不完整的牙型，开始攻丝时容易切入工件。二锥锥角大一些，切削部分也短一些，一般只有两个不完整的牙型。攻盲孔螺纹时，两支丝锥应交替使用，以保证所加工螺纹的有效长度，攻通孔螺纹时，只用头锥即可一次完成。

细牙普通螺纹丝锥每组也有两只。圆柱管螺纹丝锥与手用丝锥相似，只是其工作部分较短，一般每组有两只。

M6 以下和 M24 以上的丝锥每组有三只，分别叫头锥、二锥、三锥。

机用丝锥只有一支。

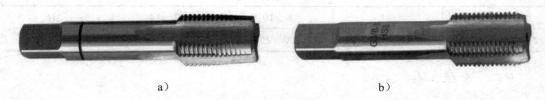

a）   b）

图 2-109　成套丝锥

a）头锥；b）二锥

（4）丝锥的选用。机用丝锥由高速钢制成，其螺纹公差带分为 H1，H2 和 H3 三种；手用丝锥指的是碳素工具钢的滚牙丝锥，其螺纹公差带为 H4。丝锥的选用原则如表 2-17 所示。

表 2-17　丝锥的选用

丝锥公差带代号	被加工螺纹公差等级	丝锥公差带代号	被加工螺纹公差等级
H1	5H、6H	H3	7G、6H、6G
H2	6H、5G	H4	7H、6H

2. 铰杠

（1）铰杠的分类。铰杠是手工攻螺纹时用来夹持丝锥的工具，分普通铰杠（图 2-110a）和丁字铰杠（图 2-110b）两类。各类铰杠又分为固定式和活络式两种。活络式铰杠可以调节夹持丝锥方榫的尺寸，丁字铰杠主要用于攻工件凸台旁的螺纹或箱体内部的螺纹。

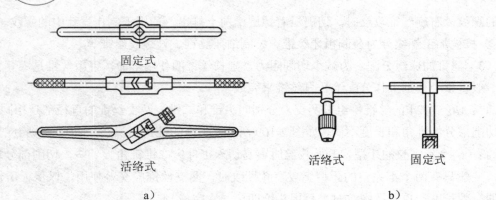

固定式

活络式

活络式　　　　　固定式

a)　　　　　　　　　　　　　　b)

图 2-110　铰杠及其类型

a）普通铰杠；b）丁字铰杠

（2）铰杠的选用。铰杠的长度应根据丝锥尺寸的大小选用，以便于控制攻螺纹的扭矩。铰杠的选用可参考表 2-18。

表 2-18　铰杠的选用

丝锥直径/mm	≤6	8～10	12～14	≥16
铰杠长度/mm	150～200	200～250	250～300	400～450

（二）套丝工具

1. 板牙

板牙是加工外螺纹的工具，用合金工具钢 9SiCr，9Mn2V 或高速钢经淬火回火制成。常用的圆板牙如图 2-111 所示，它本身就像一个圆螺母，只是在其牙形处钻有几个排屑孔，并形成了切削刃。为了夹持，在板牙的外圆面上制有 90°的锥孔或沿外圆柱面素线方向铣出一 90°开口的 V 形槽，供板牙夹持工具的紧定螺钉尖端定位，以传递扭矩。板牙的两端面都制成一定角度的锥孔，便于引导板牙起套。

板牙由切削部分、校准部分和排屑孔组成。其两端的锥角是切削部分，套丝时两端均可使用，中间为校准部分，有完整的牙型。

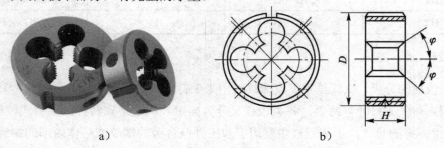

a)　　　　　　　　　　　　　b)

图 2-111　板牙

a）实物；b）结构

2. 板牙架

板牙架是装夹板牙用的工具，其结构如图2-112所示，板牙放入后，用螺钉紧固。固定式圆板牙架有一颗紧固螺钉，可调式圆板牙架有五颗紧固螺钉，可在小范围内调节板牙的直径。

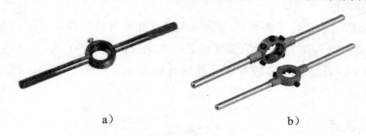

　　a)　　　　　　　　　　　　　　b)

图 2-112　圆板牙架

a）固定式；b）可调式

三、攻丝套丝的方法与技能

（一）攻丝的方法

1. 底孔尺寸的确定

（1）确定底孔直径，选用钻头。攻丝时，丝锥主要是切削金属，但也伴随着严重的挤压作用，会产生金属凸起并挤向牙尖，使攻螺纹后的螺纹孔内径小于原底孔直径。因此，攻螺纹的底孔直径应稍大于螺纹内径，否则攻螺纹时因挤压作用，使螺纹牙顶与丝锥牙底之间没有足够的容屑空间，将丝锥箍住，甚至折断，此现象在攻塑性材料时盛尤为严重。但底孔过大，又会使螺纹牙型高度不够，降低强度。

底孔直径的大小要根据工件材料、螺纹公称直径、螺纹的螺距等确定。实践中，常依据工件材料，根据经验公式计算螺纹底孔的直径，再据此选用相应的钻头。

① 塑性材料：$D_0 = D - (1.05 \sim 1.1)P$；

② 脆性材料：$D_0 = D - P$。

式中　D_0——底孔直径；

　　　D——螺纹大径；

　　　P——螺距 。

（2）确定底孔深度。加工通孔螺纹时，底孔也是通孔。但加工盲孔螺纹时，底孔是盲孔，由于丝锥的切削部分端部有锥角，不能攻出完整螺纹牙型，所以钻孔的深度至少应等于图样所需螺纹深度（螺孔有效深度），再加上丝锥切削部分前端不完整牙型部分的长度，即钻孔深度应比螺孔有效深度大一些。盲孔螺纹底孔的深度常按下式计算。

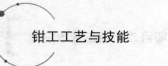

$$H=H_0+0.7D$$

式中　H——底孔深度；

　　　H_0——螺纹有效深度；

　　　D——螺纹大径。

（3）孔口倒角。为使丝锥头部能顺利旋入螺纹底孔开始切削，并防止起攻时起始圈的螺牙崩裂，以及螺纹攻穿时最后圈的螺牙崩裂，攻螺纹前应用 90°锪钻，对钻削的螺纹底孔孔口进行倒角加工，若是通孔，应对底孔两端孔口都加工倒角，倒角直径应略大于螺纹大径。

2．切削液的选用

攻螺纹时合理选择适当品种的切削液，可以有效地提高螺纹精度，降低螺纹的表面粗糙度。切削液的选用原则如表 2-19 所示。

表 2-19　攻螺纹时切削液的选用

零件材料	切削液
结构钢、合金钢	乳化液
铸铁	煤油、75%煤油+25%植物油
铜	机械油、硫化油、75%煤油+25%矿物油
铝	50%煤油+50%机械油、85%煤油+15%亚麻油、煤油、松节油

3．攻丝操作

（1）起攻。起攻时应使用头锥。头锥垂直地放入已加工好倒角的工件孔内，用一只手掌按住铰杠中部，沿丝锥轴线方向用力加压并顺时针旋进，另一只手握住铰杠一端配合做顺时针旋转。在丝锥正常旋入 1～2 圈能稳定在孔口后，取下铰杠，用目测或直角尺在相互垂直的两个方向上检查，保证丝锥中心线与底孔中心线重合，然后用铰杠轻压旋入。或两手握住铰杠两端均匀用力，并将丝锥顺时针旋进，如图 2-113a 所示。

（2）攻丝。两手握住铰杠两端，保持平稳，轻压丝锥并顺时针旋转；当丝锥切削部分全部进入工件时，不必再施加压力，只须靠丝锥自然旋进切削。此后，两手均匀用力，每顺时针转 1/2～1 圈停下，及时倒转 1/4～1/2 圈，使切屑碎断排出。若是不通孔，则须随时旋出丝锥，清除孔内切屑后再继续攻丝。

（3）攻丝时必须按头锥、二锥、三锥的顺序攻削，以减小切削负荷，防止丝锥折断。完成头锥攻丝后取出丝锥，然后用手依次旋进二锥至不能旋入，再装上铰杠，按同样的操作完成攻螺纹，依此类推。

（4）攻不通孔的螺纹时，可在丝锥上做出深度标记。攻丝过程中需经常退出丝锥，将孔内切屑清除，否则会因切屑堵塞而折断丝锥或攻不到规定深度，或攻入太深使丝锥头部嵌入孔底锥角部分而卡住损坏。

（5）在钢件上攻丝时，加机油润滑可使螺纹光洁，并能延长丝锥的使用寿命；攻铸铁件时，可加煤油润滑。

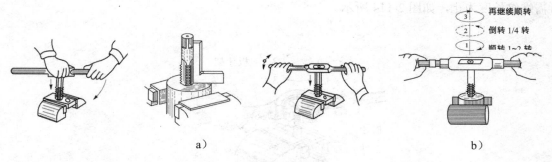

图 2-113　攻丝方法

a）起攻；b）正常攻丝

（二）套丝的方法

1．圆杆外径的确定

与攻螺纹一样，用板牙套螺纹的切削过程中也同样存在挤压作用。因此，套丝前制作的圆杆直径应小于螺纹大径，否则会导致加工困难且容易损坏板牙。反之圆杆直径过小则加工出的螺纹牙型不全。圆杆直径大小可用下面的经验公式计算确定。

$$d_0 = d - 0.13P$$

式中　d_0——圆杆直径；

　　　d——螺纹大径；

　　　P——螺距。

2．杆端倒角

为使板牙容易切入，套丝前应将圆杆端部锉成 20°左右的倒角，且倒角小端直径应小于螺纹小径。

3．套丝操作

（1）工件夹持。由于套螺纹的切削力较大，且工件为圆杆，在钳口上容易打滑，夹持时应用 V 形夹板或加垫铜钳口，且工件伸出钳口的长度，在不影响螺纹要求长度的前提下，应尽量短一些，确保装夹端正和牢固。

（2）起套。方法与攻螺纹的起攻方法一样，用一只手的手掌按住板牙架中部，沿圆杆轴线方向加压用力，另一只手配合做顺时针旋转，动作要慢，压力要大。同时保证板牙端面与圆杆轴线垂直，在板牙切入圆杆 2～3 牙时及时检查校正。

（3）套丝。板牙切入 2～3 牙后不能再施加沿圆杆轴线方向的压力，应双手保持平衡，顺时针旋转板牙，让其自然旋进。套削过程中要不断反转，以便断屑和排屑，直至加工到所需螺纹长度为止，如图 2-114 所示。

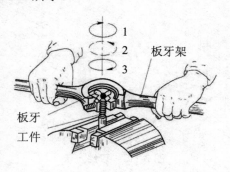

图 2-114　套丝方法

1，3—顺时针旋转套丝；2—反转断屑

（4）加切削液。在钢件上套螺纹时应加切削液，以降低螺纹表面粗糙度和延长板牙寿命。一般选用机油或较浓的乳化液，精度要求高时可用植物油。

4. 螺纹测量

为了确定螺纹的尺寸规格，或加工后检测螺纹的质量，需要对螺纹的外径、螺距和牙形角进行测量。常用螺纹的测量方法如图 2-115 所示。

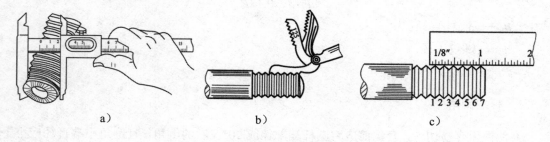

a)　　　　　　　　　　b)　　　　　　　　　　c)

图 2-115　螺纹的测量

a）用游标卡尺测量大径；b）用螺纹规测量螺距和牙型；c）用英制钢板尺测量牙数

实践与提高

1. 攻丝练习

如图 2-116 所示，根据图样要求，在长方形钢板上完成螺纹孔的加工。

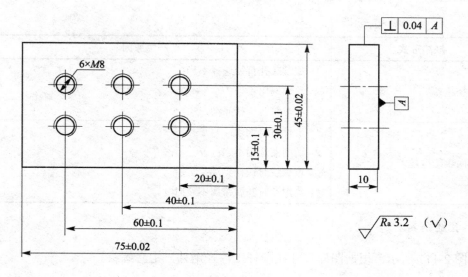

图 2-116 攻丝工件图样

（1）加工工艺及步骤。

① 划线，打样冲眼。

② 打底孔。计算底孔直径，选用钻头，打底孔，在两面孔口做倒角。

③ 将丝锥安装在铰杠上。

④ 将工件装夹在虎钳上，注意夹持端正。

⑤ 用头锥起攻。应及时检查并校正丝锥的位置，使丝锥中心线与孔中心线重合。

⑥ 正确套丝，依次完成 6 个螺纹孔的加工。

⑦ 去毛刺，检验全部尺寸。

（2）攻丝常见缺陷分析。攻螺纹时常见的缺陷形式及原因分析如表 2-20 所示。

表 2-20 攻螺纹时常见缺陷分析

缺陷形式	产生原因
丝锥崩刃、折断	① 底孔直径小或深度不够； ② 攻螺纹时没有经常倒转断屑，造成堵塞； ③ 用力过猛或两手用力不均； ④ 丝锥与底孔端面不垂直
螺纹烂牙	① 底孔直径小或孔口未倒角； ② 丝锥磨损变钝； ③ 攻螺纹时反转断屑不及时，切屑堵塞； ④未加切削液； ⑤用力过猛或两手用力不均匀

缺陷形式	产生原因
螺纹中径超差	① 螺纹底孔直径选择不当； ② 丝锥选用不当； ③ 攻螺纹时铰杠晃动
螺纹表面粗糙度超差	① 工件材料太软； ② 切削液选用不当； ③ 攻螺纹时铰杠晃动； ④ 攻螺纹时断屑排屑不及时

2. 套丝练习

如图 2-117 所示，根据图样尺寸在圆杆工件（钢件）上套螺纹。

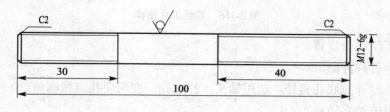

图 2-117 套螺纹工件图样

（1）加工工艺及步骤。

① 计算套丝所需圆杆直径，加工圆杆直径至套丝所需尺寸，圆杆两端倒角。划线确定两端螺纹的长度。

② 将工件加上衬垫再装夹在台虎钳上，使其轴线处于铅直方向。

③ 将圆杆端部倒成 15° 的斜角。

④ 起套。板牙切入材料 2~3 圈时，及时检查并校正板牙端面与圆杆是否垂直。

⑤ 进入正常套螺纹状态时，不要再加压，让板牙自然旋进，以免损坏螺纹和板牙，并要经常倒转断屑。

⑥ 套螺纹时，加较浓的乳化液或机械油进行润滑冷却。

⑦ 依次完成两端外螺纹的加工。

⑧ 去毛刺，检验全部尺寸。

（2）套丝常见缺陷分析。套螺纹时常见的缺陷形式及原因分析，如表 2-21 所示。

表 2-21 套螺纹时常见缺陷分析

缺陷形式	产生原因
板牙崩齿或磨损太快	① 圆杆直径偏大或端部未倒角; ② 套螺纹时没有经常反转断屑,使切屑堵塞; ③ 用力过猛或两手用力不均; ④ 板牙端面与圆杆轴线不垂直; ⑤ 圆杆硬度太高或硬度不均匀
螺纹烂牙	① 圆杆直径太大; ② 板牙磨损变钝; ③ 强行矫正已套歪的板牙; ④ 套螺纹时没有经常倒转断屑; ⑤ 未使用切削液
螺纹中径超差	① 圆杆直径选择不当; ② 板牙切入后仍施加进给力
螺纹表粗糙度超差	① 工件材料太软; ② 切削液选用不当; ③ 套螺纹时板牙架左右晃动; ④ 套螺纹时没有经常倒转断屑
螺纹歪斜	① 板牙的端面与圆杆的轴线不垂直; ② 套螺纹时板牙架左右晃动

（3）注意事项。

① 起套时,要从两个方向对垂直度进行及时校正,以保证套螺纹质量。

② 套螺纹时,要控制两手用力均匀和掌握用力限度,防止孔口出现乱牙。

③ 套螺纹后,螺纹口要倒角去毛刺,以免影响测量精度。

④ 套螺纹时要倒转断屑和清屑。

⑤ 做到安全文明操作。

任务七　刮削与研磨

任务目标

【知识目标】

（1）了解并熟悉刮削与研磨的概念、特点及应用。

（2）熟悉刮削工具的结构、类型、基本功用。

（3）熟悉研磨工具的种类、功用。

【技能目标】

（1）掌握刮削的准备工作及要求。

（2）掌握平面、曲面刮削的基本方法、步骤、操作技巧、检验方法。

（3）掌握刮刀的刃磨技能。

（4）掌握研具的正确使用方法，各种表面的研磨技能。

（5）能根据刮削、研磨的质量问题分析其产生的原因，运用掌握的技能进行简单的生产操作。

（6）掌握刮削与研磨的相关安全操作技能。

知识与技能

一、刮削与研磨的基本知识

（一）刮削

用刮刀在工件表面上刮去一层很薄的金属，称为刮削。刮削后的表面具有良好的平面度，而且在刮削中由于多次反复地受到刮刀的推挤和压光作用，使工件表面组织变得比原来紧密，并得到较细的表面粗糙度，R_a 值可达 1.6 μm 以下，是钳工中的一种精密加工。

1. 刮削的应用及特点

刮削工作是一种古老的加工方法，也是一项繁重的体力劳动，劳动强度大、生产率低。但是，由于它所用的工具简单，且不受工件形状和位置以及设备条件的限制；同时，它还具有切削量小、切削力小、产生热量小、装夹变形小等特点，能获得很高的形状位置精度、尺寸精度、接触精度以及较细的表面粗糙度，所以在机械制造以及工具、量具制造或修理中，仍然是一项重要的手工作业。

由于刮削加工每次只能刮去很薄的一层金属，且劳动强度很大，所以要求工件在机械加工后留下的刮削余量不宜太大，一般为 0.05~0.4 mm。

2. 刮削工具

刮削工具是刮刀。刮刀一般用碳素工具钢或轴承钢制造，后端装有木柄，刀体部分淬硬到 HRC60 左右，刃口经过研磨，磨损后可进行复磨。

（1）平面刮刀。平面刮刀又可分为普通刮刀和活头刮刀，如图 2-118 所示，一般多采用 T10A、T12A 钢制成。当工件表面较硬时，也可用高速钢或硬质合金刀头制成，用于刮削平面、外曲面和刮花。常用的平面刮刀有直头和弯头两种。

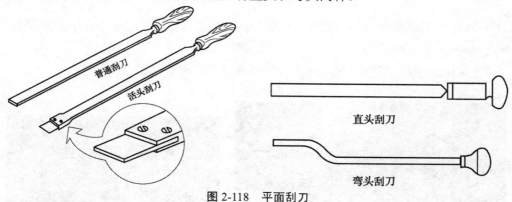

图 2-118　平面刮刀

（2）曲面刮刀。曲面刮刀用于刮削内曲面，常用的有三角刮刀、蛇头刮刀（图 2-119）和柳叶刮刀。

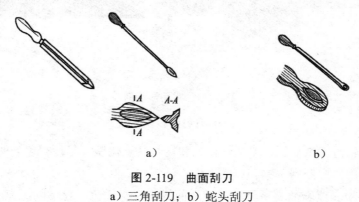

图 2-119　曲面刮刀
a）三角刮刀；b）蛇头刮刀

3. 校准工具

校准工具是用来推磨研点和检查被刮面准确性的工具，也称为研具。常用的校准工具有校准平板（通用平板）、校准直尺、角度直尺（如图 2-120 所示），以及根据被刮面形状设计制造的专用校准型板等。

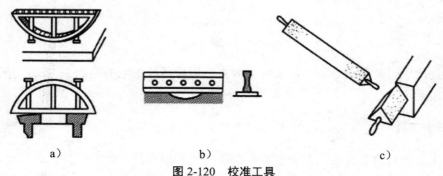

图 2-120　校准工具
a）校准平板车；b）校准直尺；c）角度直尺

4．显示剂

工件和校准工具对研时，所加的涂料称为显示剂，其作用是显示工件的位置误差及其大小。

（1）常用显示剂。刮削中常用的显示剂如图 2-121 所示。

铁丹

铁丹

a）

b）

图 2-121　常用显示剂

a）红丹粉；b）蓝油

红丹粉：分铅丹（氧化铅，呈橘红色）和铁丹（氧化铁，呈红褐色）两种，颗粒较细，用机油调和后使用，广泛用于钢和铸铁工件。

蓝油：用蓝粉和蓖麻油及适量机油调和而成，呈深红色，显示的研点小而清楚，多用于精密工件和有色金属及其合金的工件。

（2）用法。刮削时，显示剂可以涂抹在工件的表面，也可以涂抹在校准件上。显示剂涂在工件上，显示的结果是红底黑点，没有闪光，容易看清，适于精刮时选用；涂在标准研具上，显示结果是灰白底，黑红色点子，有闪光，不易看清，但刮削时不易粘在刀口上，刮削方便，适于粗刮时选用。

（二）研磨

研磨是指用研具和研磨剂，从工件上研去一层极薄表面层的精加工方法，是物理和化学的综合作用。

1．研磨工具

研磨工具的材料要细致均匀，有很高的稳定性和耐磨性。研具工作面的硬度应比工件表面硬度稍软，且具有较好的嵌存磨料的性能。常用研具的材料有灰铸铁、球墨铸铁、软钢、铜。常用的研磨工具有研磨平板，研磨环和研磨棒。

（1）研磨平板。研磨平板主要用来研磨一些有平面的工件表面，如研磨量块、精密量具的平面等。研磨平板分有槽的和光滑的两种，如图 2-122 所示。

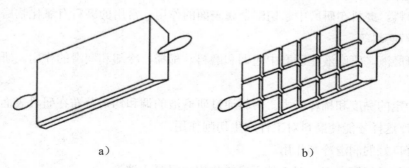

图 2-122　研磨平板

a）光滑平板；b）有槽平板

（2）研磨棒。研磨棒主要用来研磨套类工件的内孔。研磨棒有固定式和可调式两种，如图 2-123 所示。

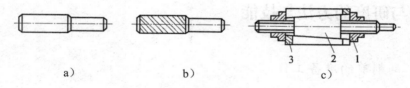

图 2-123　研磨棒

a），b）固定式；c）可调式

1-调整螺母；2-锥度芯棒；3-开槽研磨套

（3）研磨套。研磨套主要用来研磨轴类工件的外圆表面，如图 2-124 所示。

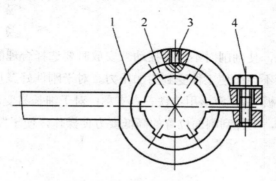

图 2-124　研磨套

1-夹箍；2-研磨套；3-紧固螺钉；4-调整螺钉

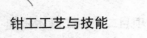

2．研磨剂

研磨剂是由磨料和研磨液、辅助材料调合而成的混合剂，常配制成液态研磨剂、研磨膏和固态研磨剂（研磨皂）三种。

（1）磨料。磨料在研磨中起切削金属表面的作用，常用的磨料有氧化物磨料、碳化物磨料和金刚石磨料等。

（2）研磨液。研磨液在研磨中起调和磨料、稀释、冷却和润滑的作用。研磨液应具备以下条件：

① 有一定的黏度和稀释能力。磨料通过研磨液的调和均匀分布在研具表面，并具有一定的黏附性，这样才能使磨料对工件产生切削作用。

② 具有良好的润滑冷却作用。

③ 对操作者健康无害，对工件无腐蚀作用，且易于清洗。

（3）辅助材料。辅助材料是一种黏度较大、氧化作用较强的混合脂，它的作用是使工件表面形成氧化膜，加速研磨进程。常用的辅助材料有油酸、脂肪酸、硬质酸和工业甘油等。

二、刮削与研磨的方法与技能

（一）刮削前的准备工作

1．工作场地的选择

刮削场地的光线应适当，太强或太弱都可能看不清研点。当刮削大型精密工件时，还应注意场地的环境卫生，保证刮削后工件不变形。

2．工件的支承

工件必须安放平稳，使刮削时不产生摇动。安放时要选择合理的支承点，使工件保持自由状态，不应因支承不当而使工件受到附加压力。对于刚性好、质量大、面积大的工件（如机器底座、大型平板等），应该用垫铁三点支承；对于细长易变形的工件，可用垫铁两点支承。在安放工件时，工件刮削面位置的高低要方便操作，便于发挥力量。

3．工件的准备

应除去工件刮削面的毛刺，锐边要倒角，以防划伤手指，擦净刮削面上的油污，以免影响显示剂的涂布和显示效果。

（二）刮削方法

1. 平面刮削

（1）平面刮削的姿势。

① 手刮法。如图 2-125a 所示，右手握住刮刀手柄（如同锉刀的握法），左手四指向下握住靠近刮刀头部约 50 mm 处，刮刀与被刮削面成 25°～30°的角度。同时脚前跨一步，上身随着向前倾斜，这样可以增加左手压力，也易于看清刮刀前面显点的情况。刮削时，右手随着上身前倾，使刮刀向前推进，左手下压，落刀要轻；当推进到所需位置时，左手迅速提起，完成一个手刮动作。

② 挺刮法。如图 2-125b 所示，将刮刀柄放在小腹右下侧，双手并拢握在刮刀前部距刀刃约 80 mm 处，左手在前，右手在后。刮削时刮刀对准研点，左手下压，利用腿部和臀部的力量使刮刀向前推挤，在推动到位的瞬间，同时用双手将刮刀提起，完成一次刮点。

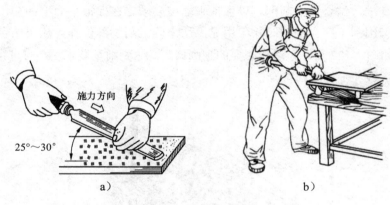

施力方向

25°～30°

a）

b）

图 2-125 平面刮削

a）手刮法；b）挺刮法

（2）平面刮削的步骤。平面刮削一般要经过粗刮、细刮、精刮和刮花四个步骤。

① 粗刮。粗刮是利用粗刮刀在刮削面上均匀地铲去一层较厚的金属，可以采用连续推铲的方法，刀迹要连成长片。粗刮后，每 25 mm×25 mm 的方框内应有 2～3 个研点。

② 细刮。细刮是利用细刮刀在刮削平面上刮去稀疏的大块研点，采用短刮刀法，刀痕长度约为刀刃的宽度，随着研点的增加，刀痕逐步缩短。细刮后，每 25 mm×25 mm 的方框内有 12～15 个研点。

③ 精刮。精刮就是用精刮刀采用点刮法，刮刀对准显点，落刀轻，提刀快，每一点只刮一刀。精刮后，每 25 mm×25 mm 的方框内有 20 个以上研点。

④ 刮花。刮花是指在刮削面或机器外表面上用刮刀刮出装饰性的花纹，如图 2-126 所示，以增加表面的美观度，保证良好的润滑性；同时，工件在使用中还可根据刀花的消失，

来判断平面的磨损程度。

 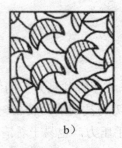 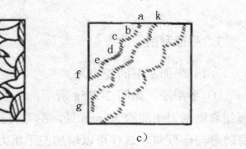

a)   b)   c)

图 2-126　刮花

a) 斜纹花；b) 鱼鳞花；c) 半月花

（3）平行面的刮削方法。先确定被刮削的一个平面，以其为基准面，首先进行粗刮、细刮、精刮，达到单位面积研点数的要求后，以此面为基准，再刮削对应面的平行面。刮削前用百分表测量该面对基准面的平行度误差，确定粗刮时各刮削部分的刮削量，并以标准平板为测量基准，结合显点刮削，以保证平面度要求。在保证平面度和初步达到平行度的情况下，进行细刮工序。细刮时除了用显点法来确定刮削部位外，还要结合百分表进行平行度测量，如图 2-127 所示，以作必要的刮削修正。达到细刮要求后，可进行精刮，直到单位面积的研点数和平行度都符合要求为止。

图 2-127　百分表测量平行度

（4）垂直面的刮削。垂直面的刮削方法与平行面的刮削相似，先确定一个平面进行粗刮、细刮、精刮后作为基准面，然后对垂直面进行测量，以确定粗刮的刮削部位和刮削量，并结合显点刮削，以保证达到平面度要求。细刮和精刮时，除按研点进行刮削外，还要不断地进行垂直度测量，如图 2-128 所示，直到被刮面的单位面积研点数和垂直度都符合要求为止。

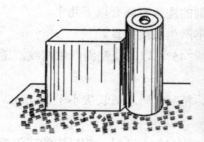 

图 2-128 垂直度误差测量

2．曲面刮削

曲面刮削一般是指内曲面刮削，有内圆柱面刮削、内圆锥面刮削和球面刮削等。其刮削原理和平面刮削一样，只是刮削方法及所用的刀具不同，如图 2-129 所示。

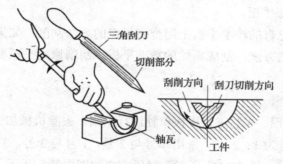

图 2-129 曲面刮削

曲面刮削时，一般是以标准轴（也称工艺轴）或与其相配合的轴作为内曲面研点的校准工具。研合时将显示剂涂在轴的圆周上，使轴在内曲面中旋转显示研点，然后根据研点刮削。

（1）内曲面刮削姿势。内曲面的刮削姿势有两种，第一种姿势如图 2-130a 所示，右手握刀柄，左手掌心向下，四指横握刀身，拇指抵着刀身，刮削时左、右手同作圆弧运动，且顺曲面使刮刀作后拉或前推运动，刀迹与曲面轴线约成 45°夹角，且交叉进行。第二种姿势如图 2-130b 所示，刮刀柄搁在右手臂上，双手握住刀身。刮削时动作和刮刀的运动轨迹与第一种姿势相同。

a) b)

图 2-130 曲面刮削姿势

a）第一种姿势；b）第二种姿势

（2）曲面刮削的注意事项。通常，曲面刮削的注意事项有以下几个。

① 刮削时用力不可太大，以不发生抖动、不产生振痕为宜。

② 交叉刮削时，刀迹与曲面内孔中心线约成 45°，以防止刮面产生波纹，避免研点成为条状。

③ 研点时相配合的轴应沿曲面作回来转动，精刮时转动弧长应小于 25 mm，切忌沿轴线方向作直线研点。

在一般情况下，由于孔的前后端磨损快，因此刮削内孔时，前后端的研点要多些，中间段的研点可以少些。

3. 原始平板刮削

校准平板是检验、划线及刮削中的基本工具，要求非常精密。一般平板通常按接触精度分级，以 25×25（mm²）内 25 点以上为 0 级平板，25 点为 1 级平板，20 点以上为 2 级平板，16 点以上为 3 级平板。

校准平板可以在已有的校准平板上用合研显点的方法刮削。如果没有校准平板，则可用三块平板互研互刮的方法，刮成原始的精密平板。刮削原始平板要经过正研和对角研两个步骤进行。

（1）正研。

① 正研的刮削原理。先将三块平板单独进行粗刮，去除机械加工的刀痕和锈斑等，然后将原始平板分别编号为 1、2、3，采用 1 号与 2 号，1 号与 3 号，3 号与 2 号合研的顺序，如图 2-131a、图 2-131b、图 2-131c 所示，对研方向如图中箭头所示。

由图中可以看出，2 号、3 号平板都和 1 号平板对研，1 号平板叫过渡基准。若 2 号凸（如图 a），3 号凸（如图 b），刮研的结果是 2 号、3 号的凸起被消除（如图 c）。如果再分别以 2 号、3 号为过渡基准，重复上面的过程，即三块轮换的刮削方法，平板表面的不平状况将被消除。

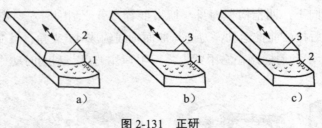

图 2-131 正研

a）1 号与 2 号合研；b）1 号与 3 号合研；c）3 号与 2 号合研

② 正研的步骤方法。

一次循环：以 1 号为过渡基准，1 号与 2 号互研互刮，至贴合。再将 3 号与 1 号互研，单刮 3 号使 3 号与 1 号贴合。然后 2 号与 3 号互研互刮，至贴合。此时 2 号与 3 号的平直度略有改进。

二次循环：在上一次循环的基础上，按顺序以 2 号为过渡基准，1 号与 2 号互研，单刮 1 号。然后 2 号与 3 号互研互刮，至全部贴合，这样平直度又有所提高。

三次循环：在上一次循环的基础上，按顺序以 3 号为过渡基准，2 号与 3 号互研，单刮 2 号，然后 1 号与 3 号互研互刮至全部贴合，则 1 号与 3 号的平直度进一步提高。

重复上述三个顺序依次循环进行刮削，循环次数越多则平板的平直度越高，直到三块平板中任取两块对研，显点基本一致，即在每 25 mm×25 mm 内达到 12 个研点左右，正研即告完成。

③ 正研存在的问题。正研是传统的工艺方法，其机械地按照一定的顺序配研，显点虽能符合要求，但有的显点不能反映平面的真实情况，系假象，易给人以错觉。在正研过程中出现三块平板在相同的位置上有扭曲现象，即都是 AB 对角高，而 CD 对角低，如图 2-132 所示。如果采用其中任意两块平板互研，则是高处和低处正好重合，经刮削后显点也可能分布得很好，但扭曲却依然存在，而且越刮扭曲越严重，故不能继续提高平板的精度。

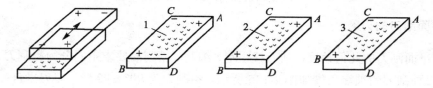

图 2-132　正研的扭曲现象

（2）对角研。为进一步消除扭曲并提高精度，可采用对角研的方法进行刮研，如图 2-133a 所示，直至三块平板显点一致，分布均匀，如图 2-133b 所示。

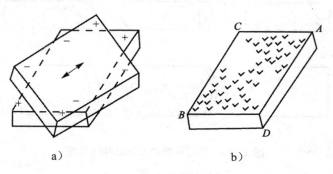

a)　　　　　　　　　　　b)

图 2-133　对角研

（3）在确认平板平整后，即进行精刮工序，直至用各种研点方法得到相同清晰的显点，且在任意 25 mm×25 mm 面积内的点数达到 20 点以上，表面粗糙度 $R_a \leqslant 0.8 \mu m$。

4. 刮削精度的检验

刮削表面的精度通常是以研点法来检验的，研点法如图 2-134 所示。将工件刮削表面擦净，均匀涂上一层很薄的红丹油，然后与校准工具（如标准平板等）相配研，工件表面上的凸起点经配研后被磨去红丹油而显出亮点（即贴合点），如图 2-134a 所示。刮削表面的精度是以在 25 mm×25 mm 的面积内贴合点的数量与分布稀疏程度来表示的，如图 2-134b 所示。普通机床导轨面为 8～10 点，精密机床导轨面为 12～15 点。

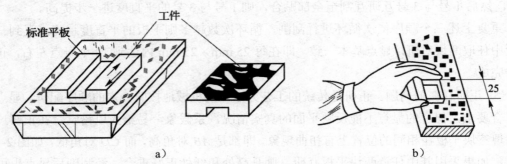

图 2-134　研点法

a）配研及显点；b）精磨检测

5. 平面刮刀的刃磨

（1）平面刮刀的几何角度。刮刀按粗刮、细刮、精刮的要求不同分为粗刮刀、细刮刀、精刮刀。三种刮刀的顶端角度如图 2-135 所示。粗刮刀为 90°～92.5°，刀刃平直；细刮刀为 95°左右，刀刃稍带圆弧；精刮刀为 97.5°左右，刀刃带圆弧。

刃磨后的刮刀平面应平整光洁，刃口无缺陷。

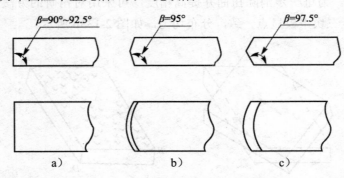

图 2-135　刮刀头部的几何形状和角度

a）粗刮刀；b）细刮刀；c）精刮刀

（2）平面刮刀的刃磨。

① 粗磨。粗磨时分别将刮刀两平面贴在砂轮侧面上，开始时应先接触砂轮的边缘，再慢慢平放在侧面上，不断地前后移动进行刃磨，使两面都达到平整（图 2-136a），在刮刀全宽上看不出显著的厚薄差别。然后粗磨顶端面，把刮刀的顶端放在砂轮轮缘上平稳地左右移动刃磨，如图 2-136b 所示，要求端面与刀身中心线垂直。刃磨时应先以一定倾斜角与砂

轮接触，再逐步转动至水平。如直接按水平位置靠上砂轮，刮刀会颤抖不易磨削，甚至会出事故。

a)　　　　　　　　　　　　　　　　　b)

图 2-136　平面刮刀的粗磨

a）刃磨平面；b）刃磨顶面

②　热处理。将粗磨好的刮刀放在炉火中缓慢加热到 780～800 ℃（呈樱红色），加热长度为 25 mm 左右，取出后迅速放入冷水或 10%的盐水中中冷却，浸入深度为 8～10 mm。刮刀接触水面时作缓慢平移和间断地少许上下移动，这样可不使淬硬部分留下明显界限。当刮刀露出水平部分呈黑色，由水中取出观察其建刃部颜色为白色时，迅速把整个刮刀浸入水中冷却，直到刮刀全冷后取出即成。用于精刮和刮花的刮刀，淬火时可用油冷，刀头就不会产生裂纹，同时金属的组织较细，容易刃磨。

③　细磨。热处理的刮刀要在细砂轮上细磨，基本达到刮刀的形状和几何角度要求。刮刀刃磨进必须经常蘸水冷却，避免刀口部分退火。

④　精磨。刮刀精磨在油石上进行。刃磨应在油石上加适量机油，先磨两平面，如图 2-137a 所示，直到表面平整。然后磨端面，如图 2-137b 所示，刃磨时左手扶住手柄，右手紧握刀身，使刮刀直立在油石上，略带前倾（前倾角根据刮刀顶端角度的不同而定）向前推移，拉回时刀身略微抬起，以免磨损刃口，如此反复，直到切削部分形状和角度符合要求，且刃口锋利为止。或者将刮刀上部靠在肩上，两手握刀身，向后拉动来磨锐刃口，而向前则将刮刀提起，如图 2-137c 所示。

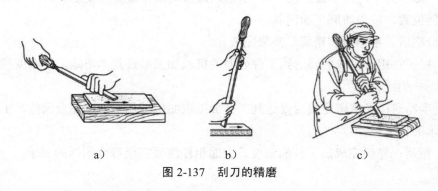

a)　　　　　　　　　　b)　　　　　　　　　　c)

图 2-137　刮刀的精磨

a）磨平面；b）手持磨顶端面；c）靠肩双手握持磨端面

（3）曲面刮刀的刃磨。

① 三角刮刀的刃磨。三角刮刀的三个面应分别刃磨。将刮刀以水平位置轻压在砂轮的外圆弧上，按刀刃弧形来回摆动，使三个面的交线形成弧形的刀刃。接着，将三个圆弧面在砂轮上边缘上开槽，槽应开在两刃的中间，并使两刃边都只能留 2～3 mm 的棱边。

三角刮刀经粗磨后也必须用油石精磨。精磨时，在顺着油石长度的方向来回移动的同时，还要按刀刃的弧形作上下摆动，直到刀刃锋利为止。

② 蛇形刮刀的刃磨。蛇形刮刀两侧面的刃磨与平面刮刀的磨法相同，刀头两侧圆弧面的刃磨方法与三角刮刀的魔法基本相同，如图 2-138 所示。

a)　　　　　　　　　　　　　　　b)

图 2-138　蛇形刮刀的粗磨

a）刃磨平面；b）刃磨顶面

（三）研磨方法

1. 平面研磨

平面研磨应在非常平整的平板上进行，粗研时在有槽的平板上进行，精研时在无槽的平板上进行。研磨前要根据工件的特点选择好合适的研具、研磨剂、研磨运动轨迹、研磨压力和研磨速度。研磨平面是在研磨平板上进行的，如图 2-139a 所示。研磨时，用手按住工件并加一定压力 F，在平板上按"8"字形轨迹移动或作直线往复运动，并不时地将工件调头或偏转位置，以免研磨平面倾斜。

研磨分粗研、半精研和精研三步来完成。

（1）粗研：粗研完成后要达到工件表面的机械加工痕迹基本消除，平面度接近图样要求的目标。

（2）半精研：半精研完成后要达到工件加工表面机械加工痕迹完全消除，工件精度达到图样要求的目标。

（3）精研：精研完成后工件的精度、表面粗糙度要完全符合图样的要求。

2．外圆研磨

外圆研磨一般采用手工与机械相配合的方法用研磨套对工件进行研磨，将工件装在车床顶尖之间，如图 2-139b 所示，涂以研磨剂，然后套上研磨套。研磨时工件转动，用手握住研磨套作往复运动，使表面磨出 45°交叉网纹。研磨一段时间后，应将工件调头再行研磨。研磨速度应适当，过快或过慢都会影响表面粗糙度。

研磨外圆时，工件的转速一般是：直径<80 mm 时，转速取 100 r/min；直径>100 mm，转速取 50 r/min。

研磨中，当研磨套往复速度适当时，工件上研磨出的网纹成 45°交叉线，移动太快则网纹与工件轴线夹角较小；反之则较大，如图 2-139 所示。

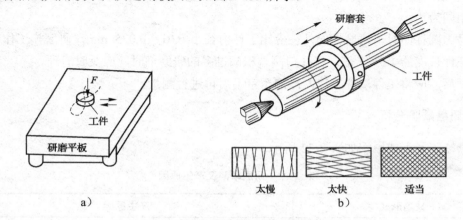

图 2-139　平面和外圆面的研磨方法

a）研磨平面；b）研磨外圆面

3．内孔研磨

内孔研磨时要将研磨棒夹紧在车床或钻床的主轴上转动，把工件套在研磨棒上研磨。

4．研磨运动轨迹

研磨运动轨迹主要有以下几个。

（1）直线：研磨时按直线方式运动，不相互交叉，但易重叠，适于有台阶的狭长平面的研磨。

（2）直线与摆动：工件在做直线研磨的同时，做前后摆动，可获得比较好的平直度，适于刀口形直尺、刀口形 90°角尺等的研磨。

（3）螺旋线：工件以螺旋线形状滑移研磨。可获得较好的平面度和很小的表面粗糙度，适于圆柱形或圆片形工件。

（4）8 字形：工件研磨时滑移的轨迹为 8 字形，可提高工件的质量，且能均匀使用研具，适于量规类小平面的研磨。

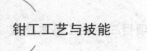

钳工工艺与技能

5．研磨注意事项

通常，研磨应注意以下几个事项。

（1）研磨前，选择研具的材料要比工件的材料硬度低，并具有良好的嵌砂性、耐磨性和足够的刚性及较高的几何精度。

（2）研磨时，研磨的速度不能太快，精度要求高或易于受热变形的工件，其研磨速度不超过 30 m/min。手工粗磨时，每分钟往复 40～60 次；精磨时每分钟往复 20～40 次。

（3）研磨外圆柱表面时，研磨套的内径应比工件的外径大 0.025～0.05 mm，研磨套的长度一般是其孔径的 1～2 倍。

（4）研磨外圆柱表面时，对于直径大小不一的情况，可在直径大的部位多磨几次，直到直径相同为止。

研磨内圆柱面时，研磨棒的外径应比工件内径小 0.01～0.025 mm，研磨棒工作部分的长度为工件长度的 1.5～2 倍。当孔口两端积胡过多的研磨剂时，应及时清理。

研磨后，应将工件清洗干净，冷却至室温后再进行测量。

5．研磨缺陷分析

研磨缺陷及形成原因如表 2-22 所示。

表 2-22　研磨缺陷及产生原因

缺陷形式	产生原因
表面粗糙度不合格	① 磨料太粗或不同粒度磨粒混合； ② 研磨液选用不当； ③ 嵌砂不足或研磨剂涂得薄而不匀； ④ 研磨时清洁不到位
平面呈凸形或孔口扩大	① 研磨剂涂得太厚； ② 研磨棒伸出孔口过长； ③ 孔口多余研磨剂未及时清理； ④ 研具工作面平面度误差大
孔的圆度或圆柱度误差大	① 研磨时没有更换方向； ② 研磨时没有用研磨棒的全长
薄形工件拱曲变形	① 发热温度大使工件变形； ② 研具硬度不合适； ③ 工件夹持过紧
表面拉毛	研磨剂中存在杂质

· 132 ·

实践与提高

1. 刮削练习

识读如图 2-140 所示四方块的图样，将材质为灰铸铁（HT200），尺寸为 $100^{+0.30}_{+0.15} \times 100^{-0.20}_{-0.15} \times 25^{-0.15}_{-0.10}$（mm）的毛坯刮削至图样要求的各项精度。

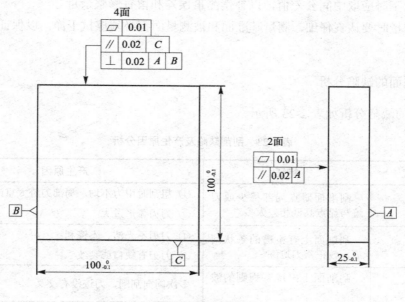

图 2-140　四方块

2. 刮削的加工工艺与步骤

刮削的加工工艺与步骤如下。

（1）各棱边倒角（C1）

（2）测量毛坯尺寸和各面的几何误差，判断各面的加工余量及其分布，以便于正确进行刮削加工。

（3）粗刮、精刮 A 面至平面度误差≤0.01 mm。

（4）粗刮、精刮另一大面（A 面的对面）至平面度误差≤0.01 mm，与 A 面的平行度误差≤0.02 mm，且尺寸误差≤0.1 mm。

（5）粗刮、精刮 B 面至平面度误差≤0.01 mm，与 A 面的垂直度误差≤0.02 mm。

（6）粗刮、精刮 C 面至平面度误差≤0.01 mm，与 A 面、B 面的垂直度误差≤0.02 mm。

（7）依次粗刮、精刮剩余两侧面，使尺寸误差、几何误差都达到图样的技术要求。

（8）全面复检修整。

3．注意事项

通常，刮削时应注意以下几个事项。

（1）每刮削一面应兼顾其他面，以保证各项指标都达到要求，避免因修整某一面而影响其他面的精度。

（2）正确掌握粗刮到精刮的过渡，既保证精度要求同时提高刮削效率。

（3）加工时应取中间公差值，以补偿测量误差和留有修整余量。

（4）测量时要认真仔细，测量基准面和被测量面都必须擦拭干净，以保证测量的可靠性和准确性。

4．刮削面的缺陷分析

刮削面的缺陷分析如表 2-23 所示。

表 2-23　刮削缺陷及产生原因分析

缺陷形式	特征	产生原因
深凹痕	刮削面研点局部稀少或刀迹与显点高低相差太多	① 粗刮时用力不均，局部刀迹太重或多次重叠； ② 刀刃弧形过大
撕痕	刮削面上有粗糙的条状刮痕，较正常刀迹深	① 刀刃不光洁、不锋利； ② 刀刃有缺口或裂纹
振痕	刮削面上出现有规则的波痕	多次同向刮削，刀迹没有交叉
划痕	刮削面上划出深浅不一的直线	研点时夹有砂砾、铁屑等杂质，或显示剂不清洁
刮削面精密度差	显点分布无规律	① 推研时压力不均，或研具伸出工件太多，按出现的假点刮削； ② 研具本身误差大

项目三

装配钳工

任务一　装配工艺的基本知识

任务目标

【知识目标】

（1）掌握装配工艺过程。

（2）掌握装配工作的要点。

（3）熟悉装配方法。

【技能目标】

（1）掌握装配钳工基本理论知识。

（2）牢固记忆装配钳工操作规程。

知识与技能

一、装配钳工的基本知识

按照一定的精度标准和技术要求，将若干个零件结合成部件或将若干个零部件结合成最终产品的工艺过程，称为装配；前者称为部装，后者称为总装。

（一）装配工作的重要性

机械产品从原材料或半成品到制成成品的全过程，称为生产过程。生产过程一般分为三个阶段：设计阶段、零件的制造阶段和装配阶段。设计阶段包括产品技术条件的拟定、总体结构设计和零件设计（材料的选择、尺寸和形状确定、拟定技术条件等），零件制造阶段包括毛坯制造、机械加工及热处理、技术检验等，装配阶段包括安装、调整、检验、试验、油漆及包装等。

装配工作是产品制造工艺过程中的最后工作。它包括各种装配准备工作、部装、总装、调整、检验及试机等工作，装配质量的好坏对整个产品的质量起着决定性的作用。要求零件间的配合必须符合规定的技术要求，这样机器才能准确正常运行；零部件之间、机构之间的相互位置装配正确，才能发挥出机器的工作性能；在装配过程中，重视清洁，避免粗枝大叶、乱敲粗装，按工艺要求装配，才能装配出合格的、优质的产品。如果装配不当，不重视清理工作，不按工艺技术要求装配，装配出来的产品有可能质量较差，具有精度低、性能差、功率损耗大、寿命短等诸多缺点，必然不受用户的欢迎。相反，严格按照装配技术要求进行就能装配出性能良好的产品。因此，装配工作是一项非常重要而细致的工作，必须认真按照产品装配图，制订出合理的装配工艺规程，采用新的装配工艺，以提高装配精度。达到质量优、费用少、效率高的要求。

（二）装配工艺过程

1. 装配工艺规程

装配工艺规程是规定装配全部部件和整个产品的工艺过程，以及所使用的设备和工夹具等的技术文件。一般来说，工艺规程是生产实践和科学实验的总结，是符合"多、快、好、省"原则的，是提高产品质量和提高劳动生产率的必要措施，也是组织生产的重要依据。执行工艺规程，能使生产有条理地进行，并能合理使用劳动力和工艺装备，降低生产成本。工艺规程所规定的内容随着生产的发展，也要不断改革。但是，它又是指导性的技术文件，必须采取严格的科学态度，要慎重、严肃地对待。

装配工艺规程是规定产品或部件装配工艺和操作方法等的工艺文件，是制订装配计划和技术准备，指导装配工作和处理装配工作问题的重要依据。它对保证装配质量，提高装配生产效率，降低成本和减轻工人劳动强度等都有积极的作用。

（1）制订装配工艺的基本原则及原始资料。合理安排装配顺序，尽量减少钳工装配工作量，缩短装配线的装配周期，提高装配效率，保证装配线的产品质量这一系列要求是制定装配线工艺的基本原则。制定装配工艺的原始资料包括产品的验收技术标准，产品的生产纲领，现有生产条件等。

（2）装配工艺规程的内容。通常，装配工艺规程包含以下几方面的内容。

① 分析装配线产品总装图，划分装配单元，确定各零部件的装配顺序及装配方法。

② 确定装配线上各工序的装配技术要求，检验方法和检验工具。

③ 选择和设计在装配过程中所需的工具、夹具和专用设备。

④ 确定装配线装配时零部件的运输方法及运输工具。

⑤ 确定装配线装配的时间定额。

（3）制订装配工艺规程的步骤。

① 分析装配线上的产品原始资料，确定装配线的装配方法组织形式。

② 划分装配单元，确定装配顺序，划分装配工序。

③ 编制装配工艺文件。

④ 制订产品检测与试验规范。

2．装配过程

产品的装配过程由以下四个部分组成。

（1）装配前的准备工作。

① 研究和熟悉产品装配图、工艺文件及技术要求；了解产品的结构、零件的作用以及相互的联接关系，并对装配零部件配套的品种及其数量加以检查。

② 确定装配的方法、顺序和准备所需要的工具。

③ 对装配零件进行清洗和清理，去掉零件上的毛刺、锈蚀、切屑、油污及其他脏物，以获得所需的清洁度。

④ 对有些零部件还需进行刮削等修配工作，有的要进行平衡试验、渗漏试验和气密性试验等。

（2）装配。装配比较复杂的产品，其装配工作通常分为部件装配和总装配两个过程。由于产品的复杂程度和装配组织的形式不同，部装工作的内容也不一样。一般来说，凡是将两个以上的零件组合在一起，或将零件与几个组件结合在一起，成为一个装配单元的装配工作，都可称为部件装配。将零件、部件及各装配单元组合成一台完整产品的装配工作，称为总装配。产品的总装配通常是在工厂的装配车间(或装配工段)内进行。但在某些场合下(如重型机床、大型汽轮机和大型泵等)，产品在制造厂内只进行部件装配工作，而在产品安装的现场进行总装配工作。绘制装配单元系统图可以清楚地反映装配的顺序（图 3-1）。

（3）调整、精度检验和试机。

① 调整工作。调节零件或机构的相互位置、配合间隙、接合面的松紧等，使机器或机构工作协调。如轴承间隙、镶条位置、蜗轮轴向位置的调整等。

② 精度检验。检验机构或机器的几何精度和工作精度等。

③ 试机。试验机构或机器运转的灵活性、振动情况、工作温度、噪声、转速、功率等性能参数是否达到相关技术要求。

（4）喷漆、涂油、装箱。机器装配完毕后，为了使其外表美观、不生锈和便于运输，还要进行喷漆、涂油和装箱等工作。

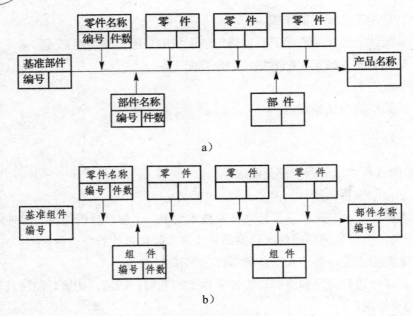

图 3-1 装配单元系统图

a）产品的装配系统图；b）部件的装配系统图

3．装配的内容

机器的装配是机器制造过程中最后一个环节，装配过程使零件、套件、组件和部件间获得确定的相互位置关系，是机械制造中最后决定机械产品质量的重要工艺过程，即使是全部合格的零件，如果装配不当，往往也不能形成质量合格的产品，因此必须重视产品的装配工作。常见的装配工艺有以下几项。

常用的装配工艺有：清洗、平衡、刮削、螺纹联接、过盈配合联接、胶接、校正等。此外，还可应用其他装配工艺，如焊接、铆接、滚边、压圈和浇铸联接等，以满足各种不同产品结构的需要。

（1）零件的清洗与清理。在装配过程中，零件的清洗与清理工作对保证装配质量、延长产品使用寿命具有十分重要的意义。如果清洗和清理做得不好，会使轴承工作时发热，产生噪声，并加快磨损，很快失去原有精度；对于滑动表面，可能造成拉伤，甚至咬死；对于油路，可能造成油路堵塞，使转动配合件得不到良好的润滑，使磨损加剧，甚至损坏咬死。应用清洗液和清洗设备对装配前的零部件进行清洗，去除表面残存油污、磨屑、灰尘等杂质，使零件达到规定的清洁度的工艺。机器装配过程中，清洗零、部件对于保证产品的装配质量和延长使用寿命都有重要意义，尤其是轴承、密封件、精密部件如柱塞泵、滑阀等，以及有特殊清洗要求的零件更为重要。

① 零件的清洗方法。常用的清洗方法有浸洗、喷洗、气相清洗和超声波清洗等。浸洗是将零件浸渍于清洗液中晃动或静置，清洗时间较长。喷洗是靠压力将清洗液喷淋在零件

表面上。气相清洗则是利用清洗液加热生成的蒸汽在零件表面冷凝而将油污洗净。超声波清洗是利用超声波清洗装置使清洗液产生空化效应，以清除零件表面的油污。在单件和小批生产中，零件可在洗涤槽内用抹布擦洗或进行冲洗。在成批或大量生产中，常用洗涤机清洗零件。图3-2所示为适用于成批生产中清洗小型零件的固定式喷嘴喷洗装置。图3-3所示为一种比较理想的超声波清洗装置。它利用高频率的超声波，使清洗液振动从而出现大量空穴气泡，并逐渐长大。然后突然闭合，闭合时会产生自中心向外的微激波，压力可达几十甚至几百兆帕促使零件上所黏附的油垢剥落。同时，空穴气泡的强烈振荡。加强和加速了清洗液对油垢的乳化作用和增溶作用，提高了清洗能力。超声波清洗主要用于清洗精度要求较高的零件，尤其是经精密加工、几何形状较复杂的零件，如光学零件，精密传动的零部件、微型轴承和精密轴承等。对零件上的小孔、深孔、非通孔、凹槽等也能获得较好的清洗效果。

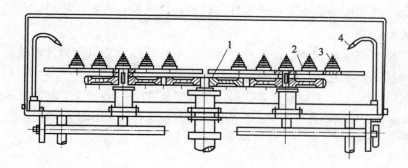

图 3-2　固定式喷嘴喷洗装置

1-传动轴；2-转盘；3-工件；4-喷嘴

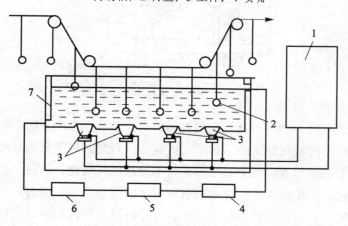

图 3-3　超声波清洗装置示意图

1-超声波发声器；2-零件；3-换能器；4-过滤器；5-泵；6-加热器；7-清洗器

② 常用的清洗液。常用的清洗液有汽油、煤油、轻柴油及水剂清洗液。它们的性能如下。

汽油主要用于清洗油脂、污垢和黏附的机械杂质、适用于清洗较精密的零部件。航空汽油用于清洗质量要求较高的零件。对橡胶制品，严禁用汽油，以防发胀变形。

煤油和轻柴油的应用与汽油相似，但清洗能力不及汽油，清洗后干得较慢，但比汽油安全。

水剂清洗液是金属清洗剂起主要作用的水溶液，金属清洗剂4%以下，其余是水。金属清洗剂主要成分是非离子表面活性剂。具有清洗力强，应用工艺简单，多种滴洗方法都可适用，并有较好的稳定性、缓蚀性、无毒，不燃，使用安全，以及成本低等待点。常用的有6501，6503，105清洗剂等。

（2）零件的密封性试验。对于设备中的一些精密零件，如液压元件、油缸、阀体、泵体等，在一定的工作压力下不仅要求不发生泄漏现象，还要求具有可靠的密封性。但是，由于零件毛坯在铸造过程中容易产生砂眼、气孔及疏松等缺陷，易造成在一定压力下的渗漏现象。因此，在装配前必须对这类零件进行密封性试验，否则，将对设备的质量、功能产生很大的影响。

密封性试验有气压法和液压法两种，其中以液压法压缩空气密封性试验比较安全。试验时，应按照技术要求对施加的压力进行相应的调整。

① 气压法。试验前，先将零件各孔用压盖或螺塞进行密封；然后，将密封零件浸入水中；最后，向零件内充入压缩空气（图3-4）。此时，密封的零件在水中应无气泡逸出。若有气泡逸出时，可根据气泡的密度来判定零件是否符合技术要求。

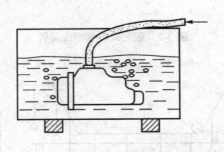

图3-4 气压法密封性实验图

② 液压法。容积较小的零件进行密封性试验时，可用手动液压泵进行液压试验。图3-5所示为五通滑阀阀体的密封性试验示意图。试验前，两端装好密封圈和端盖，并用螺钉紧固，各螺孔用锥形螺塞拧紧，装上管接头并与手动液压泵接通。然后，用手动液压泵将油液注入阀体空腔内，并使油液达到技术要求所规定的试验压力。同时，应注意观察阀体有无渗透和泄漏现象。容积较大的零件进行密封性试验时，可选用机动液压泵进行注油，但也要控制好压力的大小。

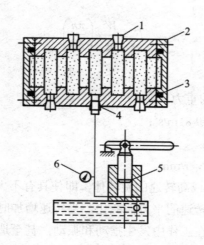

图 3-5　液压法密封性试验

1-锥形螺塞；2-端盖；3-密封圈；4-管接头；5-手动液压泵；6-压力表

（3）连接。装配过程中的大量工作都是连接。零部件间的连接一般可分为固定连接和活动连接两类，每类连接又可分为可拆连接与不可拆连接两种。

① 固定连接。连接后的零件间不允许有相对运动，保证机器在工作中各零件的相对位置不能变动。其中可拆的固定连接有螺纹连接、销钉连接、键连接、圆锥连接、过渡配合等，拆开时不破坏连接件和被连接件，重新装配仍能恢复原有状态。不可拆的固定连接有焊接、铆接、粘接、过盈配合等，拆开后就会损坏某些连接件或被连接件。

② 活动连接。装配后零件间要求有一定的相对运动关系的连接。其中可拆的活动连接有间隙配合、螺旋副、滑动副、滚动副等；不可拆的活动连接如台虎钳的螺杆与手柄的连接、滚动轴承的装配等。

（4）旋转体的平衡。对于高速旋转、工作平稳性要求较高的机器，为了防止使用中出现振动，在装配时对其有关的旋转件应进行平衡。旋转体的不平衡是由于质量分布不均匀引起的，为消静力不平衡和力偶不平衡，对旋转零部件应用平衡试验机或平衡试验装置进行静平衡或动平衡，测量出不平衡量的大小和相位，用去重、加重或调整零件位置的方法，使之达到规定的平衡精度。大型汽轮发电机组和高速柴油机等机组往往要进行整机平衡，以保证机组运转时的平稳性。

机器中的转动轴、带轮、叶轮与电动机转子等旋转的零件或部件，往往由于材料密度不均匀、本身形状不对称、加工或装配产生误差等各种原因，在其径向各截面上或多或少地存在一些不平衡量。此不平衡量由于与旋转中心之间有一定距离（称为质量偏心距），因此当旋转件转动时，不平衡量便要产生离心力。

离心力的大小与转动零件的质量、质量偏心距以及转速的平方成正比，用公式表示为：

$$F_{c} = \frac{W}{g} e \left(\frac{\pi n}{30} \right)^{2} \qquad (3-1)$$

式中　F_c——离心力，N；

　　　W——转动零件所受的重力，N；

　　　g——重力加速度，$g=9.81\text{m/s}^2$；

　　　e——质量偏心距，m；

　　　n——旋转零件的转速，r/min。

由式（3-1）可知，重型或高转速的旋转体，即使具有不大的偏心距也会引起很大的离心力。由于离心力的大小随转速的平方而变化，当转速增加时离心力将迅速增加。这样，会加速轴承的磨损，使机器在工作中发生摆动和振动，甚至造成零件疲劳损坏和断裂。因此，为了保证机器的运转质量，要对旋转体（尤其是在转速较高的情况下）在装配前进行平衡，来消除不平衡离心力，从而达到所要求的平衡精度。

（5）校正。校正是指装配过程中应用测量工具，测量出零部件间各配合面的形状精度如直线度和平面度等，以及零部件间的位置精度如垂直度、平行度、同轴度和对称度等，并通过调整、修配等方法达到规定的装配精度。校正是保证装配质量的重要环节。

（6）验收试验。机器装配完成后，根据有关技术标准和规定，对产品全面进行的检验、试验工作。机器的验收试验工作一般包括几何精度和工作精度检验、空车试验、负荷试验、寿命试验及外观检查等。机器经验收试验合格后，发给合格证书才准予出厂。

4. 装配法的分类

装配技术是随着对产品质量的要求不断提高和生产批量增大而发展起来的。机械制造业发展初期，装配多用锉、磨、修刮、锤击和拧紧螺钉等操作，使零件配合和联接起来。18 世纪末期，产品批量增大，加工质量提高，于是出现了互换性装配。例如 1789 年，美国 E.惠特尼制造 1 万支具有可以互换零件的滑膛枪，依靠专门工夹具使不熟练的童工也能从事装配工作，工时大为缩短。19 世纪初至中叶，互换性装配逐步推广到时钟、小型武器、纺织机械和缝纫机等产品。在互换性装配发展的同时，还发展了装配流水作业，至 20 世纪初出现了较完善的汽车装配线。以后，进一步发展了自动化装配。

根据产品的装配要求和生产批量，零件的装配有以下四种方法。

（1）互换装配法。在装配时，各配合零件不经修配、选择或调整即可达到装配精度的方法，称为互换装配法。互换装配法的特点是装配简单，生产率高，便于组织流水作业，维修时更换零件方便。但这种方法对零件的加工精度要求较高，制造费用将随之增大。因此，仅在配合精度要求不太高或产品批量较大时采用。

（2）分组装配法。在成批或大量生产中，将产品各配合副的零件按实测尺寸分组，然后按相应的组分别进行装配，在相应组进行装配时，无需再选择的装配方法，称为分组装配法。分组装配法的特点是：经分组后再装配，提高了装配精度；零件的制造公差可适当放大，降低了成本；要增加零件的测量分组工作，并需加强管理。

（3）调整装配法。在装配时，根据装配实际的需要，改变产品中可调整零件的相对位置，或选用合适的调整件以达到装配精度的方法，称为调整装配法。如图 3-6a 所示，1 为可动补偿件，轴向调整这一补偿件的位置，即可得到规定的间隙；图 3-6b 中的 2 为固定补偿件，事先做好几个尺寸大小不同的件 2，根据实际的装配间隙大小，从中选择尺寸合适的装入，即可获得规定的间隙。调整装配法的特点是：零件不需任何修配即能达到很高的装配精度；可进行定期调整，故容易恢复精度，这对容易磨损或因温度变化而需改变尺寸位置的结构是很有利的；调整件容易降低配合副的连接刚度和位置精度，在装配时必须注意。

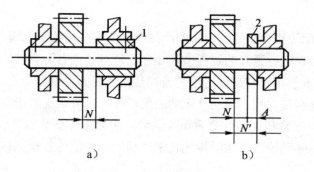

图 3-6　调整装配法

a）轴向调整补偿件的位置；b）选择尺寸合适的装入
1-可动补偿件；2-固定补偿件

（4）修配装配法。在装配时，根据装配的实际需要，在某一零件上去除少量预留修配量，以达到装配精度的方法，称为修配装配法。例如：为了车床两顶尖中心线达到规定的等高度的要求（图 3-7），刮削尾座底板尺寸 A_2 的预留量来达到装配精度的方法。修配装配法的特点是：零件的加工精度可大大降低；无需采用高精度的加工设备，而又能得到很高的装配精度；但这种方法使装配工作复杂化，仅适于在单件生产或小批生产中采用。

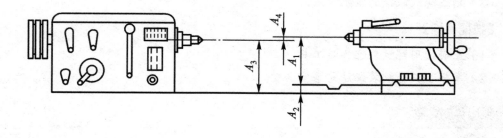

图 3-7　修配装配法

二、装配工作的安全技能

要保证装配产品的质量，必须按照规定的装配技术要求去操作。不同产品的装配技术要求虽不尽相同，但在装配过程中有许多工作要点是必须共同遵守的。

（1）做好零件的清理和清洗工作。清理工作包括去除残留的型砂、铁锈、切屑等。零件上的油污、铁锈或附着的切屑，可以用柴油、煤油或汽油作为洗涤液进行清洗，然后用压缩空气吹干。

（2）相配表面在配合或连接前，一般都需加润滑剂。

（3）相配零件的配合尺寸要准确，装配时对于某些较重要的配合尺寸应进行复验或抽验。

（4）做到边装配边检查。当所装配的产品较复杂时，每装完一部分就应检查是否符合要求。在对螺纹连接件进行紧固的过程中，还应注意对其他有关零部件的影响。

（5）试车时的事前检查和起动过程的监视是很必要的，例如检查装配工作的完整性、各连接部分的准确性和可靠性、活动件运动的灵活性、润滑系统的正常性等。机器起动后，应立即观察主要工作参数和运动件是否正常运动。主要工作参数包括润滑油压力、温度、振动和噪声等。只有起动阶段各运动指标正常、稳定，才能进行试运转。

任务二　螺纹联接的装配

任务目标

【知识目标】

（1）掌握螺纹联接的装配工艺过程。
（2）掌握螺纹联接的装配工作要点。
（3）熟悉螺纹联接的装配方法。

【技能目标】

（1）正确使用螺纹装配各类工具。
（2）掌握各类螺纹装配注意事宜。

知识与技能

一、螺纹联接的基本知识

螺纹联接是一种可拆卸的固定联接。它具有结构简单、联接可靠、装拆方便等优点，故在固定联接中应用广泛。螺纹联接可分为普通螺纹联接和特殊螺纹联接两大类。由螺栓、螺母或螺钉构成的联接，称为普通螺纹联接；除此以外的螺纹联接零件构成的联接，称为特殊螺纹联接。对螺纹联接装配的技术要求有两个：一是保证有一定的拧紧力矩，二是有可靠的防松装置。

（一）保证有一定的拧紧力矩

为了达到螺纹联接可靠而紧固的目的，必须保证螺纹副具有一定的摩擦力矩，所以在螺纹联接装配时应保证有一定的拧紧力矩，使螺纹副产生足够的预紧力。拧紧力矩的大小与零件材料预紧力的大小及螺纹直径有关。其数据可从装配工艺文件中找到。

规定预紧力的螺纹联接，常用控制转矩法、控制螺纹伸长法和控制扭角法来保证预紧力的准确性。对于预紧力无严格要求的螺纹联接，可使用普通扳手、风动扳手或电动扳手拧紧，预紧力是否适当需凭借操作者的经验来判断。下面介绍三种控制预紧力的方法。

1. 控制转矩法

使用指针式扭力扳手，使预紧力达到给定值。如图 3-8 所示为指针式扭矩扳手。它有一个长的弹性扳手杆 5，一端装着手柄 1，另一端装有带四方头或六角头的柱体 3，四方头或六角头上套装一个可更换的套筒，用钢球 4 卡住。在柱体 3 上还装有一个长指针 2，刻度板 7 固定在柄座上，刻度单位为 N·m。在工作时，弹性扳手杆 5 和刻度板一起向旋转的方向弯曲。因此，指针尖 6 就在刻度板上指出拧紧力矩的大小。

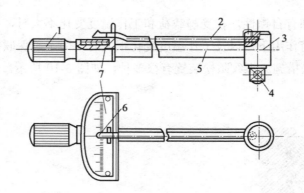

图 3-8　指针式扭力式扳手

1-手柄；2-长指针；3-柱体；4-钢球；5-弹性扳手杆；6-指针尖；7-刻度板

2. 控制螺栓伸长法

如图 3-9 所示，螺母拧紧前，螺栓的原始长度为 L_1，根据预紧力拧紧后，螺栓的长度变为 L_2，测定 L_1 和 L_2，便可确定拧紧力矩是否符合要求。

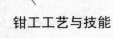
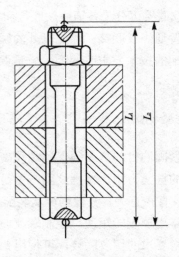

图 3-9　螺栓伸长测量

3．控制螺母扭角法

此法是通过控制螺母拧紧时，应转过的角度来控制预紧力的大小。其原理和测量螺栓伸长法相似，即在螺母拧紧到各被联接件消除间隙时，测得转角 φ_1，再拧一个扭转角 φ_2，通过测量 φ_1 和 φ_2 确定预紧力。

（二）有可靠的防松装置

螺纹联接一般都有自锁性，在受静载荷和工作温度变化不大时，不会自行松脱。但在冲击、振动或变载荷作用下，以及工作温度变化很大时，为了确保联接可靠，防止松动，必须采取有效的防松措施。螺纹防松装置有很多种，如图 3-10 所示。这里再补充两种防松方法。

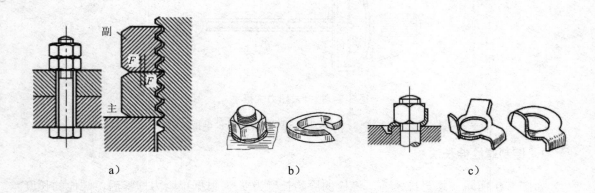

a)　　　　　　　b)　　　　　　　c)

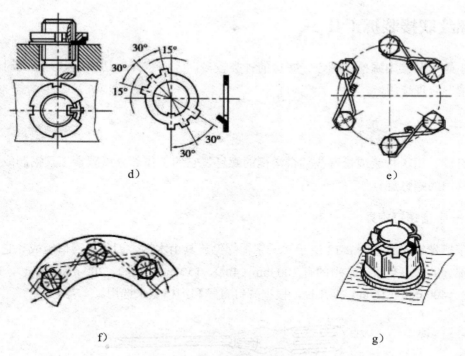

图 3-10　螺纹防松装置

a）双螺母防松；b）弹簧垫圈防松；c）止动垫圈防松
d）止动垫圈防松；e）串联钢丝防松（图中假想线的串联方向是错误的）
f）串联钢丝防松（图中假想线的串联方向是错误的）；g）开口销与带槽螺母防松

1. 点铆法防松

当螺钉或螺母拧紧后，用点铆法可防止螺钉或螺母松动。图 3-11 所示为点铆中心在螺钉头直径上。图 3-12 所示为采用在螺母的侧面上点铆。当 $d>8$ mm 时，点 3 点，$d\leqslant 8$ mm 时，点两点。这种方法防松较可靠，但拆卸后联接零件不能再用，故仅用于特殊需要的联接。

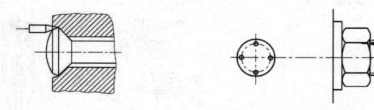

图 3-11　在螺钉上点铆　　　　　图 3-12　在螺母侧面点铆

2. 黏结法防松

在螺纹的接触表面涂上厌氧性黏结剂（在没有氧气的情况下才能固化），拧紧螺母后，黏结剂硬化，效果良好。

二、螺纹联接装拆工具

由于螺纹联接中螺栓、螺钉、螺母的种类较多，因而装拆工具也很多。装配时，应根据具体情况合理选用。

（一）螺钉旋具

螺钉旋具用于拧紧或松开头部带沟槽的螺钉。它的工作部分用碳素工具钢制成，并经淬硬。常用的螺钉旋具如下。

1. 一字槽螺钉旋具

一字槽螺钉旋具如图 3-13 所示。一字槽螺钉旋具由木柄、刀体和刀口组成。它的规格用刀体部分的长度代表。常用的有 100 mm（4in），150 mm（6in），200 mm（8 in），300 mm（12 in），400 mm（16 in）等几种，根据螺钉直径和沟槽宽来选用。

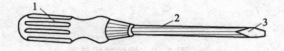

图 3-13　一字槽螺钉旋具

1-木柄；2-刀体；3-刀口

2. 其他螺钉旋具

弯头螺钉旋具，如图 3-14a 所示，用于螺钉头顶部空间受到限制的场合；十字槽螺钉旋具，如图 3-14b 所示，用于拧紧头部带十字槽的螺钉，在较大的拧紧力下，也不易从槽中滑出；快速螺钉旋具用于拧紧小螺钉，工作时推压手柄，使螺旋杆通过来复孔而转动，从而加快装拆速度，如图 3-14c 所示。

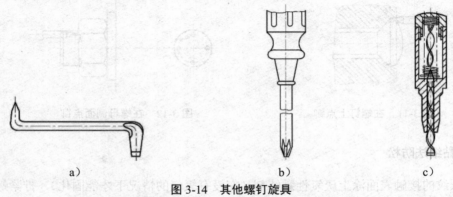

a)　　　　　　　　　　　　b)　　　　　　　　　　　　c)

图 3-14　其他螺钉旋具

a）双弯头螺钉旋具；b）十字槽螺钉旋具；c）快速螺钉旋具

（二）扳手

扳手用来拧紧六角形、正方形螺钉和各种幌母。它用工具钢、合金钢或可镀铸铁制成，其开口要求光洁和略硬耐磨。扳手有通用的、专用的和特殊的三类。

1. 活扳手（通用扳手）

活扳手是由扳手体和固定钳口、活动钳口及蜗杆组成。其开口的尺寸能在一定范围内调节。它的规格见表 3-1。

表 3-1　活扳手规格

长度	米制/mm	100	150	200	250	300	375	450	600
	英制/in	4	6	8	10	12	15	18	24
开口最大宽度 W/mm		14	19	24	30	36	46	55	65

使用活扳手时，应让固定钳口受主要作用力（图 3-15），否则容易损坏活动钳口及蜗杆。不同规格的螺母（或螺钉）应选用相应规格的活扳手。扳手手柄的长度不可任意接长，以免拧紧力矩太大而损坏扳手或螺钉。活扳手的工作效率不高，活动钳口容易歪斜，往往会损伤螺母或螺钉的头部。

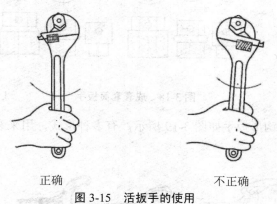

正确　　　　　　　　　　　　　　　　不正确

图 3-15　活扳手的使用

2. 专用扳手

专用扳手只能扳动一种规格的螺母或螺钉。根据其用途的不同可分下列五种。

（1）呆扳手。呆扳手如图 3-16 所示，用于装拆六角形或四方头的螺母或螺钉。它有单头和双头之分。它的开口尺寸是与螺母或螺钉的对边间距的尺寸相适应的，并按标准尺寸做成一套。常用的有 10 件一套的双头呆扳手。

（2）整体扳手。整体扳手如图 3-17 所示，有正方形、六角形、十二角形（梅花扳手）等几种。其中，梅花扳手应用最广泛。它只要转过 30°，就可改换扳动的方向，所以在狭窄

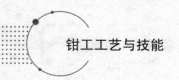

钳工工艺与技能

的地方工作比较方便。

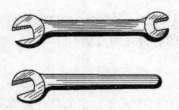

图 3-16　呆扳手

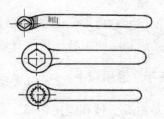

图 3-17　整体扳手

（3）套筒扳手。成套套筒扳手如图 3-18 所示，是由一套尺寸不等的梅花套筒组成，用时，弓形的手柄可连续转动，工作效率高。

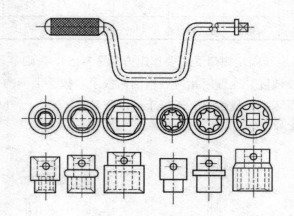

图 3-18　成套套筒扳手

（4）钩形扳手。钩形扳手如图 3-19 所示，有多种形式，用来装拆圆螺母。

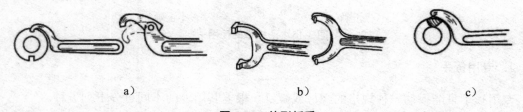

a)　　　　　　　　　　b)　　　　　　　　　　c)

图 3-19　钩形扳手

a）钩形扳手；b）可调式钩形扳手；c）柱销钩形扳手

（5）六角扳手。内六角扳手如图 3-20 所示，用于拧紧内六角螺钉。这种扳手是成套的，可拧紧 $M3 \sim M24$ 的内六角头螺钉。

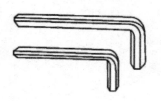

图 3-20　内六角扳手

3．特种扳手

特种扳手是根据某些特殊要求而制造的。图 3-21 所示为棘轮扳手。它适用在狭窄的地方。工作时，棘爪 1 就在弹簧 2 的作用下进入内六角套筒 3 的缺口（棘轮）内，套筒便跟着转动；当反向转动手柄时，棘爪就从套筒缺口的斜面上滑过去，因而螺母（或螺钉）不会随着反转。松开螺母将扳手翻转 180°使用即可。

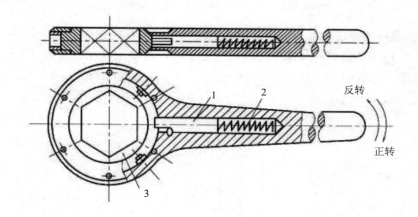

图 3-21　棘轮扳手

1-棘爪；2-弹簧；3-内六角套筒

三、螺纹联接的方法与技能

（一）双头螺柱的装配方法与技能

双头螺柱的装配方法与技能主要有以下几个。

（1）应保证双头螺柱与机体螺纹的配合有足够的紧固性，即在装拆螺母的过程中，双头螺柱不能有任何松动现象。为此，螺柱的紧固端应采用过盈配合，保证配合后中径有一定过盈量；也可采用图 3-22 所示的台肩式或利用最后几圈较浅的螺纹，以达到配合的紧固性。当螺柱装入软材料机体时，其过盈量要适当大些。

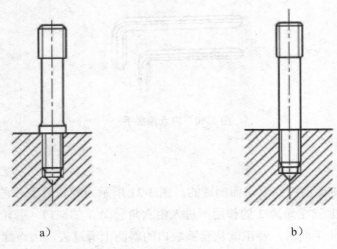

图 3-22 双头螺柱的紧固形式

a）带有台肩的；b）带有过盈或最后几圈螺纹较浅

（2）双头螺柱的轴线必须与机体表面垂直，通常用直角尺进行检验（图 3-23）。当双头螺柱的轴线行较小的偏斜时，可把螺柱拧出来，用丝锥校正螺孔，或把装入的双头螺柱校正到垂直位置；如偏斜较大时，不得强行校正，以免影响联接的可靠性。

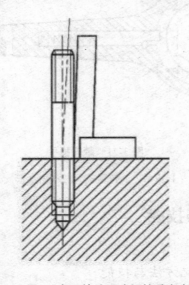

图 3-23 用 90°角尺检验双头螺柱垂直度误差

（3）装入双头螺柱时，必须用油润滑，以免拧入时产生咬住现象，同时可使今后拆卸更换较为方便。拧紧双头螺柱的专用工具如图 3-24 所示。

如图 3-24a 所示为用两个螺母拧紧法。首先将两个螺母相互锁紧在双头螺柱上，然后扳动上面的一个螺母，把双头螺柱拧入螺孔中。

如图 3-24b 所示为使用长螺母的拧紧法。用止动螺钉来阻止长螺母和双头螺柱之间的相对运动，然后扳动长螺母，这样双头螺柱即可拧入。要松掉螺母时，先使止动螺钉回松，就可旋下螺母。

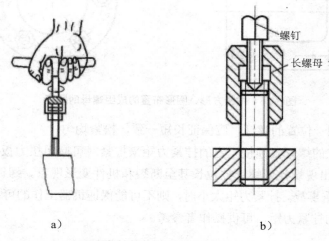

a)   b)

图 3-24 拧紧双头螺柱的工具

a) 用两螺母拧紧；b) 用长螺母拧紧

（二）螺母和螺钉的装配要点

螺母和螺钉的装配要点主要有以下几个。

（1）螺钉或螺母与贴合的表面要光洁、平整，贴合处的表面应经过加工，否则容易使联接件松动或使螺钉弯曲。

（2）螺钉或螺母和接触的表面之间应保持清洁，螺孔内的脏物应清理干净。

（3）拧紧成组的螺母时，必须按一定的顺序进行，并做到分次逐步拧紧（一般分三次拧紧），否则会使零件或螺杆产生松紧不一致，甚至变形。在拧紧长方形布置的成组螺母时，应从中间开始逐渐向两边对称地扩展（图 3-25）；在拧紧方形或圆形布置的成组螺母时，必须对称进行（图 3-26）。

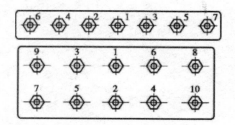
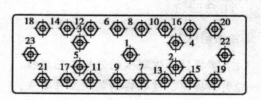

图 3-25 拧紧长方形布置的成组螺母顺序

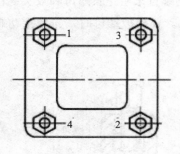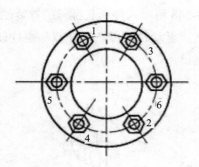

图 3-26　拧紧方形、圆形布置的成组螺母的顺序

（4）装配在同一位置的螺钉，应保证长短一致，松紧均匀。

（5）主要部位的螺钉必须按一定的拧紧力矩来拧紧（可应用扭力扳手紧固）。因为拧紧力矩太大时，会出现螺栓或螺钉被拉长甚至断裂和机件变形现象。螺钉在工作中发生断裂，常常会引起严重事故。拧紧力矩太小时，则不可能保证机器工作的可靠性。表 3-2 所示为 $M6 \sim M24$ 螺栓的拧紧力矩，可供操作者参考。

表 3-2　$M6 \sim M24$ 螺栓的拧紧力矩

螺纹公称尺寸 d/mm	施加在扳手上的拧紧力矩 M/（N·m）	操作要领	螺纹公称尺寸 d/mm	施加在扳手上的拧紧力矩 M/（N·m）	操作要领
$M6$	3.5	只加腕力	$M16$	71	加全身力
$M8$	8.3	加腕力和肘力	$M20$	137	压上全身质量
$M10$	16.4	加全身臂力	$M24$	235	压上全身质量
$M12$	28.5	加上半身力			

（6）联接件在工作中有振动或冲击时，为了防止螺钉和螺母松动，必须采用可靠的防松装置。

任务三　销、键联接的装配

任务目标

【知识目标】

（1）掌握销、键联接的装配工艺过程。

（2）掌握销、键联接的装配工作要点。

（3）熟悉销、键联接的装配方法。

【技能目标】

（1）正确使用销、键装配各类工具。

（2）掌握各类销、键装配注意事宜。

知识与技能

一、销联接的装配

销主要用来固定两个（或两个以上）零件之间的相对位置，如图 3-27a、图 3-27b 所示。也用于联接零件，如图见图 3-27c 所示，并可传递不大的载荷，还可作为安全装置中的过载剪断元件，如图 3-27d 所示。

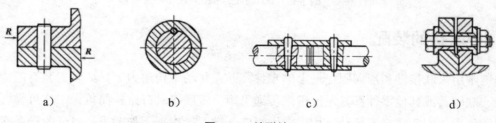

a)　　　　　　　　b)　　　　　　　　c)　　　　　　　　d)

图 3-27　销联接

a）起定位作用；b）起定位作用；c）起联接作用；d）起保险作用

销的结构简单，装拆方便，在各种固定联接中应用很广。但经过铰削的圆柱销孔，多次装拆后会降低定位的精度和联接的紧固。

销可分为圆柱销、圆锥销及异形销（如轴销、开口销、槽销等）。大多数销 35 钢、45 钢制造，其形状和尺寸都已标准化、系列化。下面主要介绍前两种销的装配工艺。

圆柱销依靠少量过盈固定在孔中，用以固定零件、传递动力或作定位元件。国家标准中规定有若干不同直径的圆柱销，每种销可按 n6、g6、h8 和 h9 这四种偏差制造，根据不同的配合要求选用。圆柱销不宜多次装拆，否则将降低配合精度。

用圆柱销定位时，为了保证联接质量，通常被联接件的两孔应同时钻铰，并使孔壁表面粗糙度值达到 R_a1.6 μm。装配时，在销子上涂上机油，用铜棒垫在销子端面上，把销子打入孔中，也可用 C 形夹头将销子压入销孔。

圆锥销具有 1∶50 的锥度，定位准确，装拆方便，在横向力作用下可保证自锁，一般多用作定位，常用于要求经常装拆的场合。

圆锥销以小头直径和长度代表其规格，钻孔时按小头直径选用钻头。

装配时，被联接的两孔也应同时钻铰，但必须拴住孔径，一般用试装法测定，以销钉能自由插入孔中的长度约占销子长度的 80% 为宜。用锤敲入后，销钉头应与被联接件表面齐平或露比不超过倒棱值。开尾圆锥销打入销孔后，末端可稍张开，以防止松脱。

拆卸圆锥销时，可从小头向外敲击。有螺尾的圆锥销可用螺母旋出，如图 3-28a 所示。拆卸带内螺纹的圆锥销时，如图 3-28b 所示，可用图 3-28c 所示的拔销器拔出。

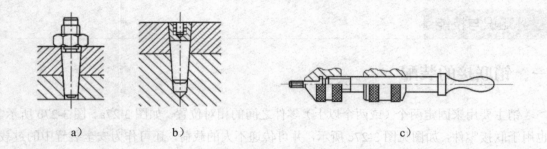

图 3-28　拆卸圆锥销

a）带螺纹圆锥销；b）带螺纹圆锥销；c）拔销器

二、键联接的装配

键常用来联接轴和周向固定轴上的零件，并在传动中传递力矩。如轴上装有的齿轮、带轮、联轴器或其他零件都是通过键来传递力矩。键联接具有结构简单、工作可靠、装拆方便等优点，因此在机器传动机构中应用很广。键联接根据工作要求，可分为松联接、紧联接和花键联接等多种形式。

（一）松键联接的装配

松键联接所用的键有普通平键、半圆键、导向平键及滑键等。其特点是：靠近键的侧面来传递力矩，只能对轴上零件作轴向固定，而不能承受轴向力。轴上零件的轴向固定，要靠紧定螺钉、定位环等定位零件来实现。松健联接能保证轴与轴上零件有较高的同轴度，在精密联接中应用较多。松键联接的装配技术要求是：保证键与键槽的配合要求，键与轴槽和轮毂槽的配合性质一般取决于机构的工作要求。由于键是标准件，松键配合非特殊情况装配时一般不允许修键，键与轴槽的配合采用过盈配合，与轮毂槽的配合是槽的极限尺寸来保证。

1. 普通平键联接装配

普通平键是在机械结构中应用最为广泛的键，如图 3-29 所示。它是一种标准件。双圆头键，其长度尺寸多为标准长度，装配时一般不需要或少量修正长度。它的长键、厚度和宽度也是根据标准轧制的键，装配时由钳工根据需要配作键的形状和长度。半圆头键，用于不封闭的键槽。

普通平键联接如图 3-30 所示，采用双圆头键配作。双回头键配作时应注意，圆头与键槽两端圆弧应留有 0.3～0.5 mm 的间隙，如图 3-31 所示；否则，键的圆头与键槽两端有过盈配合时，会引起配作轴弯曲变形。平键与轴上键槽配合应有一定的过盈量（由图样技术精度保证），配键时不要使轴槽两例外径上有隆现象（过盈量过大所致），以免装配时引起零件内孔拉毛现象；键配作时，应注意键与轴上零件配合，顶部应留有一定的间隙（下同）以免引起配合件变形而影响传递精度。

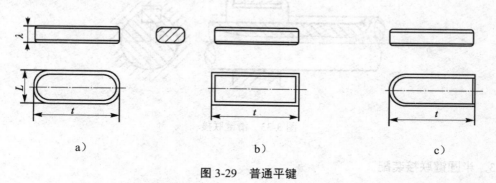

图 3-29 普通平键

a）双圆头键；b）长键；c）半圆头键

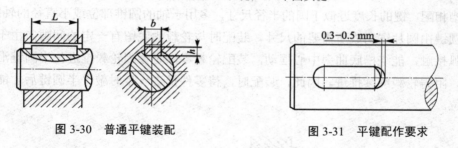

图 3-30 普通平键装配

图 3-31 平键配作要求

2. 导向键和滑键联接装配

导向键主要用于轴上零件经常需要作轴向移动（如滑移齿轮等），且传递力矩较大的场合。为了防止平键与轴槽产生松动，造成键槽两侧产生回口，影响传递动力的性能。键与轴槽配合后用螺钉进行固定，以增加平键配合稳定性，如图 3-32 所示。

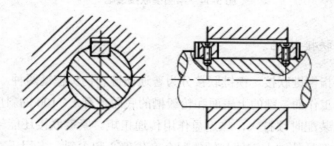

图 3-32 导向键联接

如图 3-33 所示为滑键装配形式。将键锒嵌在轮毂槽内固定，与轮毂一起作轴向移动，一般用于滑移齿轮的联接。键与轮槽配作时键槽两侧与轮毂宽度尺寸配合间隙不宜太大；否则，会使齿轮啮合位置定位不正确。这种结构多用于轮毂移动距离较大的场合。

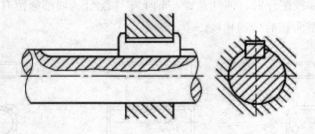

图 3-33   滑键联接

3. 半圆键联接装配

如图 3-34 所示，半圆键多为自制键，经车制后平面磨床磨平至相应尺寸。半圆键与轴半圆形槽相配，键的长度近似于圆的半径尺寸，多用于轴的圆锥部位或小直径的轴键联接。

半圆键由圆片锯切成所需要的尺寸，装配时与轮毂槽底留有一定的间隙，由于键与轴槽是圆弧接触，能绕槽底曲率中心摆动，装配轮毂零件时会因轮毂推进使半圆键沿圆瓜形面挠起，阻碍轮毂继续推进。因此，装配时，待零件推进一半时敲平半圆键后才能使轮毂装配到位。

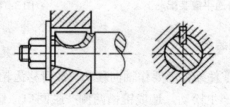

图 3-34   半圆键联接装配

（二）紧键联接装配

紧键联接主要指楔键联接。楔键联接分为普通楔键和钩头楔键两种，如图 3-35a 所示。楔键的上下两面是工作面，键的上表面和轮毂槽的底面各有 1：100 的斜度，键侧与键槽有一定的微量间隙。装配时须打入，靠过盈作用传递扭矩。紧键联接还能轴向固定零件和传递单方向轴向力，但易使轴上零件与轴的配合产生偏心和歪斜，多用于对中性要求不高，转速较低的场合。

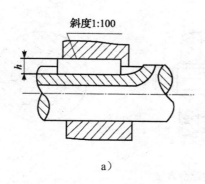
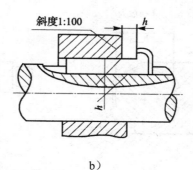

图 3-35　楔键联接装配

如图 3-35b 所示为钩头楔键固定联接装配形式。钩头楔键与普通楔键一样也有 1：100 的斜度，楔键的楔角较小有很好的自锁条件，打入后有较好的自锁性。因此，楔键常用于不需要经常拆卸的场合，对于需要经常调整或装配位置比较宽敞的场合，则采用钩头形楔键。钩头形楔键的特点是装拆比较方便。装配时，可从钩头处敲入轮毂槽；拆卸时，只要用撬杠从钩头处撬出即可。适用于位置比较宽敞并需要定期进行调整的构件。

楔键装配中轮毂与轴能否牢固地联接是装配的关键，楔键斜平面与轮毂槽底平面的接触精度优劣决定了联接的牢固性。因此，装配前需要对斜楔平面与轮毂槽底平面的配合情况进行检查和修正。可用涂色法来检查接触精度，用刮削方法修正楔键与轮毂槽底的配合精度。

（三）花键联接装配

花键联接具有承载能力向、传递扭短大、同轴度和导向性好以及对轴强度削弱小等特点，但制造成本高。适用于大载荷和同轴度要求较高的联接，在机床和汽车工业中应用广泛。按工作方式，花键联接有静联接和动联接两种；按齿廓形状，花键可分为矩形花键、渐开线花键及三角花键三种。矩形花键因加工方便，应用最为广泛。

1. 花键的配合

花键的配合是指花键定心直径、非定心直径及键宽的配合。花键的配合性质与花键的用途、精密程度及联接性质等因素有关，详见有关手册。常见的有滑动、紧滑动、和固定三种。如图 3-36 所示为花键的定心方式。国标规定中矩形花键是以小径联接为标准，但在实际生产中企业继续使用旧国标花键大径定心的也较普遍，尤其在机床制造业中。其主要原因是因为花键轴的花键大径尺寸，通过磨削容易掌握配合尺寸，而轮毂内花键槽通过拉削工艺中拉刀外径尺寸来保证，配合尺寸容易控制，也能满足花键的定心要求。

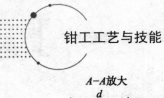

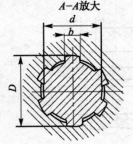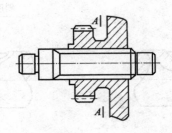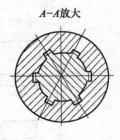

图 3-36　花键轴的配合方法

2．花键联接的装配要点

花键联接的装配要点主要有以下几个。

（1）静联接花键装配。套件应在花键轴上固定，放有少量过盈，装配时可用铜棒轻轻打入，但不得过紧，以防止拉伤配合表面。如果过盈较大，则应将套件加热 80～120℃后进行装配。

（2）动联接花键装配。套件在花键轴上可自由滑动，没有阻滞现象，但也不能过松，用手摆动套件时，不应感觉有明显的周向间隙。

（3）花键的修整。拉削后热处理的内花键可用花键推刀修整，以消除因热处理产生的微量缩小变形，也可用涂色去修整，以达到技术要求。

（4）花键副的检验。装配后的花键副应检查花键轴与被联接零件的同轴度或垂直度要求。

图 3-37 所示为平键与花键装配中常用结构。两个齿轮通过平键联接固定在花键套上，花键套与花键轴配合，由六角螺栓将齿轮固定在花键轴上，与花键轴组成一体。可通过测量齿轮分度圆上齿槽径向圆跳动和齿轮端面跳动误差来保证装配质量。

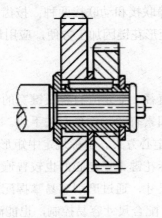

图 3-37　平键与花键装配中常用结构

任务四 带及链传动

任务目标

【知识目标】

（1）掌握带及链联接的装配工艺过程。

（2）掌握带及链联接的装配工作要点。

（3）熟悉带及链联接的装配方法。

【技能目标】

（1）正确使用带及链装配各类工具。

（2）掌握各类带及链装配注意事宜。

知识与技能

一、带及链传动的基本知识

（一）带传动机构

带传动是通过传动带与带轮之间的摩擦力来传递运动和动力。与齿轮传动相比，带传动具有工作平稳、噪声小、结构简单、制造容易以及过载打滑起到安全保险作用的特点。带传动是依靠摩擦力来传递动力，所以不能保证恒定的传动比。对传动轴的压力较大，传动效率较低。带传动最大的优点能适应两轴中心距较大的传动，以及传动比要求不太严格的场合，多用于机械传动系统第一节的传动。

带有多种型号，按带的断面形状可分为 V 带传动、平带传动和齿形带（同步带）传动三种，如图 3-38 所示。

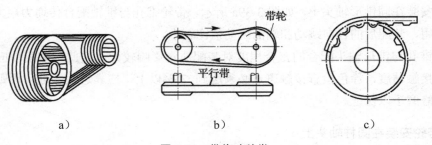

图 3-38 带传动种类

a）V 带传动；b）平带传动；c）同步带传动

通常，带传动机构的技术要求主要有以下几个。

（1）轮装入轴上后应没有歪斜和跳动，带轮装配后的径向跳动量一般控制为（0.00025～0.0005）d（d 为带轮直径）；端面跳动量控制在（0.0005～0.0001）d。

（2）两轮的中间平面应重合，其倾斜角和轴向偏移量不超过规定的要求。一般倾斜角不超过 1°。

（3）带轮的工作表面粗糙度值应控制在 R_a3.2～6.3。工作表面粗糙度值过小，带传动容易打滑；过高，则容易使带工作时因摩擦过热而加剧磨损。

（4）在带轮上的包角不能太小。V 带的包角不能小于 120°，否则容易打滑，使传递力减少。

（5）带的张紧力度要适当。张紧力过小，带在传递中容易打滑、不能传递一定的功率；张紧力过大，则带、轴和轴承都将加速磨损，同时也降低了传动效率。

（二）带轮及带的装配

带轮安装方式有多种，固定的方式也有所不同，如图 3-39 所示。

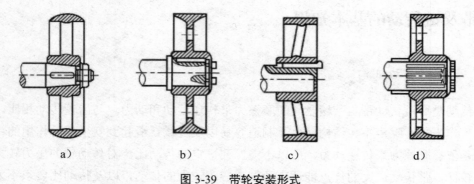

图 3-39　带轮安装形式

a）带轮圆锥固定；b）带轮端盖压紧固定；c）带轮锼键固定；d）带轮花键固定

1. 带轮安装在圆锥轴头上

带轮安装在同锥形轴头上，如图 3-39a 所示。带轮锥孔与锥轴配合传递力矩大，有较好的定心作用，装配后的径向跳动和端面跳动值比较小。

带轮锥孔与锥形轴头配合的密合程度对装配质量影响较大。因此，装配前应检查锥孔与锥轴的接触精度，涂色检查接触斑点必须达到 75%以上，应靠近大端处，否则应经过钳工刮削或修磨予以保证。

2. 带轮安装在圆柱轴头上

如图 3-39b 所示，结构上利用轴肩和垫圈固定。带轮圆柱孔与轴颈配合应有一定的过盈量。装配时，应注意带轮与轴颈配合不宜过松，装配后轴头端面不应露出带轮端面，否则传递力矩都作用在平键上，降低了带轮和传动轴的使用寿命。

3. 带轮用楔键固定在圆柱轴头上

如图 3-39c 所示，利用楔键斜面进行固定的机构。装配要点是楔键与轮槽底面接触精度必须达到 75%以上，否则带轮传动时的振动容易使楔键滑出造成安全事故。

楔键装配应通过刮削使键与轮槽底面接触斑点达到规定的要求，以增加楔键与轮槽的锁紧力。

4. 带轮安装在花键轴头上

如图 3-39d 所示，带轮与花键轴头配合的特点是定位精度好、传递力矩大、装拆方便。花键装配如遇到配合过盈量较大时，可用无刃拉刀或用砂布修正，不宜用手工修挫花键，以免损坏花键的定位精度。

安装带轮前，应清除安装面上毛刺和污物，并涂上少量润滑油。装配时，用木锤子敲击装入（敲击时，注意不要直接敲击轮槽处，以免损坏带轮），用螺旋压入工具将带轮压到轴上，如图 3-40 所示。

对于在轴上空转或有卸荷装置的带轮，装配时应先将轴套或轴承压入轮毂孔中，然后再装到轴上。装配时，不宜采用木锤子直接敲入以防木屑落入轴承内。轴承装配应使用工艺垫套，如图 3-41 所示，将垫套垫在轴承内环端面上，锤子敲击工艺垫套将轴承装入，或用螺旋工具压入装配。

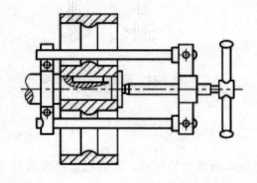

图 3-40 螺旋压入工具

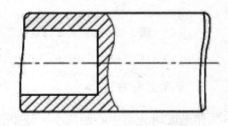

图 3-41 工艺垫套

带轮安装在轴上后，应检查带轮安装的正确性和带轮相互位置的正确性。

带轮装配的正确性可用划线盘或用百分表检查带轮的径向跳动和端面跳动，如图 3-42 所示。

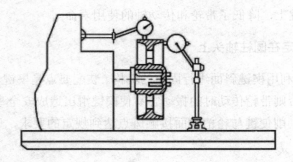

图 3-42 带轮装配质量检查

　　带轮相互位置的正确性可用钢直尺或拉线方法进行检查。如中心距不大的可用钢直尺检查轮廓端平面，如图 3-43b 所示。若中心距较大的带轮采用拉线法进行检查。如图 3-43a 所示，带轮安装位置不正确，会使带张紧不均匀，使带加快磨损，影响带的使用寿命，如图 3-44 所示。通过对某一带轮位置的调整使两带轮处于同一垂直平面。

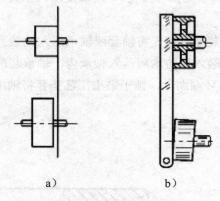

图 3-43 带轮装配位置检查方法

a）拉线法检查方法；b）钢直尺检查方法

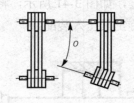

图 3-44 带轮两轴线调整要求

5．V 带装配方法

　　带装配时先将中心距缩小，待带套入带轮后再逐步调整带的松紧，带的松紧程度调整如图 3-45 所示。调节时，用拇指压下带时手感应有一定的张力，压下 10～15 mm 后手感明显有重感，手松后能立即复原为宜。

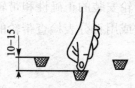

图 3-45 带安装调整

带的张紧力的调整。带传动系统没有调整机构，常采用张紧轮机构。张紧轮主要与带的工作面接触，装配要求与带轮相同。如图 3-46 所示为张紧轮装配。V 带的张紧轮的轮槽与 V 带的工作面接触，张紧轮安装在带的非受力一侧方向，调整张力使带的摩擦力增加。

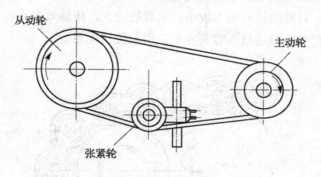

图 3-46　张紧轮装配

V 带传动用多根带时，应选择长度基本一致的带，以保证每根带传递动力一致及减缓带传动中的振动影响。

（三）平带、齿形带装配

平带轮装配应保证两带轮装配位置的正确，平带工作时带应在带轮宽度的中间位置，如图 3-47 所示。如图 3-48 所示为齿形（同步带）传动。

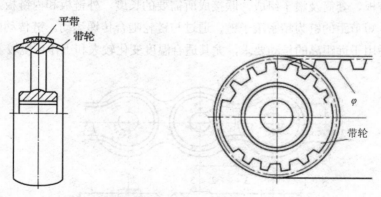

图 3-47　平带安装要求　　　　　　　图 3-48　同步带安装

两带轮轴线的平行度正确与否，不仅影响平带或齿形带的使用寿命，如果平行度误差较大时将造成带滑出而无法正常工作。因此，带轮装配后调整工作非常重要。

调整时，将平带装好后盘动带轮，视平带的位置是否有滑移甚至滑出的可能，通过微调装置调整带轮的机座位置（一般机构中都有微调装置），多次转动带轮，带转动位置始终在带轮中间位置不再变化为止，固定带轮基座并安装好防护罩才能试车，以免带滑出造成伤人事故。

二、链传动

链传动机构通过链和链轮的啮合来传递运动和动力，如图 3-49 所示。链传动与带传动比较，其结构紧凑，对轴的径向压力较小，承载能力大，传动效率高，但链传动时的振动、冲击和噪声较大，链节磨损后链条容易拉长，引起脱链现象。

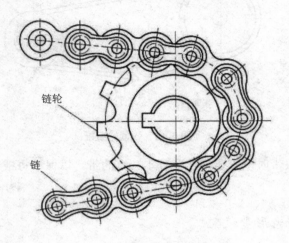

图 3-49　链传动

常用的链传动有套筒滚子链和齿形链两种。套筒滚子链的结构如图 3-50 所示。它由外链板、销轴、内链板、套筒及滚子组成，联接成所需要的长度。外链板和内链板上的孔距尺寸就是链的节距，短节距的链为精密滚子链，通过与链轮啮合传递运动。链传动能保证准确的平均传动比，适用于远距离的传动要求，尤其适合温度变化较大和工作环境较差的场合。

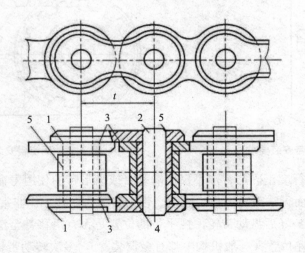

图 3-50　套筒滚子链的组成

1-外链板；2-销轴；3-内链板；4-套筒；5-滚子

传动链还可装上附件（水平翼板）可作输送工件用的输送链，如图 3-51 所示。链传动的速度一般为 12～40 m/min。

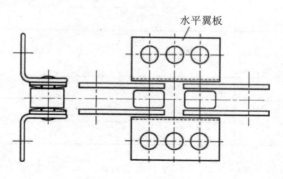

水平翼板

图 3-51　链安装水平翼

图 3-52 所示为齿形链。齿形链的传动特点是传动速度高、噪声小、载荷均匀、运动平稳等特点。齿形链由导片和多片齿形板联接组成。它有外导片和内导片两种结构（图 3-52 为内导片结构）。齿形链可组合不同的宽度要求，常用于链宽为 25～30 mm 的传动机构，传动力矩大。

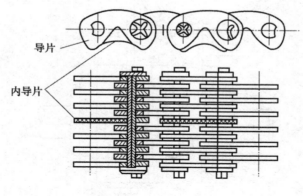

导片

内导片

图 3-52　齿形链

（一）链传动机构装配的技术要求

通常，链传动机构装配的技术要求主要有以下几个。

（1）链传动机构中的两个链轮轴线应保持平行，否则会引起脱链和加剧链和链轮的磨损。

（2）两链轮的轴向偏移量和轴向间隙不能太大，否则同样会引起链的加剧磨损。轴向偏移量以两链轮中心距在 500 mm、内轴向偏移小于 1 mm，两链轮中心距在大于 500 mm、轴向偏移小于 2 mm 的范围内。

（3）链轮装配后的径向跳动和端面跳动应符合规定的要求，见表 3-3。

表 3-3　链轮允许跳动量/mm

链轮的直径	套筒滚子链的链轮跳动量	
	径向 δ	端面 α
100 以下	0.25	0.3
100～200	0.5	0.5
200～300	0.75	0.8
300～400	1.0	1.0
400 以上	1.2	1.5

　　链轮装配后的跳动量可按如图 3-53 所示的方法，用划线盘或百分表进行检查。

　　（4）链条装配的松紧程度。链条装配过紧，会增加传动载荷和加剧磨损；链条过松，传动中会出现弹跳或脱落。

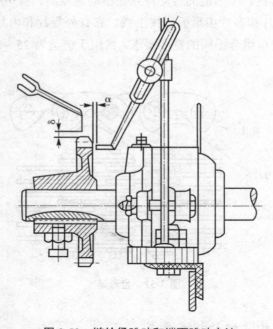

图 3-53　链轮径跳动和端面跳动方法

　　传动链的松紧程度若以水平方向安装或稍有倾斜时，链条下垂值应小于 20%L（L 为两轮中心距）；链条安装倾斜较大时应减少下垂值；当链传动以垂直方向安装时，f 值应小于 0.2%L。传动链松紧程度调整可按如图 3-54 所示的方法进行测量。在两链轮轮缘上放置一平尺或钢直尺，测量链下垂的挠度。

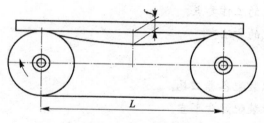

图 3-54　链下垂直测量方法

（二）链传动机构装配

链轮装配方法与带轮装配方法相同。链轮在轴上固定方法有：用键联接后用定位螺钉定位固定，并用螺母锁紧，如图 3-55a 所示；用锥销固定，如图 3-55b 所示。链轮安装后应按如图 3-55 所示的方法进行检查。

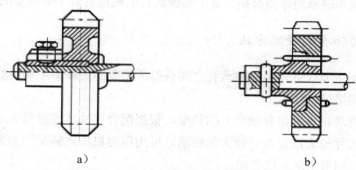

a)　　　　　　　　　　　　　　　　b)

图 3-57　链轮安装方法

链条装配时，按中心距尺寸可将链条的长度进行增减，需要增加或减少链的节数只要将销轴打出重新联接所需要的链节。当节数为偶数时，可按上一个链节。当链节为奇数时，若不能按一个链接安装时，可采用过渡链节（即半节链）。

链节固定有多种方式，大节距套筒滚子链用开口销联接，小节距套筒滚子链用卡簧片将活动销固定。用卡簧片联接时，应注意必须使其开口端的方向与短的运动方向相反，以免运转中受到碰撞而脱落。

任务五　轴承的装配

任务目标

【知识目标】

（1）掌握轴承装配的工艺过程。

（2）掌握轴承装配的工作要点。

（3）熟悉轴承装配的方法。

【技能目标】

（1）正确使用轴承装配各类工具。

（2）掌握各类轴承装配注意事宜。

🔧 知识与技能

一、滑动轴承的装配

轴承是支承转轴的零件。滑动轴承是一种滑动摩擦的轴承。它主要特点是：工作平稳、可靠、无噪声，滑动轴承的润滑油膜具有减振的能力，故能承受较大的冲击载荷。由于采用液体润滑大大减少轴承的摩擦磨损。对于高速运转的机械有着十分重要的意义。

（一）滑动轴承的装配方法

滑动轴承装配主要保证轴径与轴承孔之间获得所需要的工作游隙和良好的接触精度，使轴在轴承中运转平稳。

整体式向心滑动轴承（俗称轴套）的装配，根据配合尺寸或过盈量大小来选择装配的方法。如果轴承尺寸较大或过盈量较大的轴承，可用压力机压入装配；如果尺寸不大或过盈量较小的轴承，则采用敲入法装配。

敲入法装配是将同径心轴插入待装的轴承孔内，装配时用锤子锤击心轴端部，与轴承一起装入箱体孔中。这种装配方法轴承内孔变形小，甚至可不需要修整轴承孔。

轴承压入或敲入装配后变形量较大的整体滑动轴承，轴承压入后内孔缩小、不圆或产生圆锥时，直径较小的轴承可采用铰削或挤压方法修正，直径较大的轴承可用刮削的方法进行修整。

对负荷较重的滑动轴承（轴套）为防止轴承工作时产生转动，需要将轴承进行固定。固定的方式应根据轴承的结构特点选择合适的定位方式，如图 3-56 所示。图 3-56a 所示的定位方式是通过箱体孔长度中间和轴承径向同时钻出定位孔，用圆柱端紧定螺钉定位，这种定位方式多用于轴承壁厚较薄的轴承；对于壁厚较厚的轴承也可将轴承钻出锥坑，用锥端紧定螺钉定位。

如图 3-56b 所示，轴承端面台肩上用多个圆柱头螺钉固定并用锥销定位。

如图 3-56c 所示，在轴承端面台肩上用沉头螺钉定位，沉头螺钉 90°圆锥部分定位性能比圆柱头螺钉好，可不用锥销定位。

如图 3-56d 所示，无台肩的轴承（圆柱套），箱体孔周围又没有钻定位孔的条件，此时可采用骑缝螺钉固定的方式。

轴承固定方式应根据图样上规定的要求进行固定。图样上没有规定但实际工作中会发生问题时，可根据实际情况选择合适的固定方式。

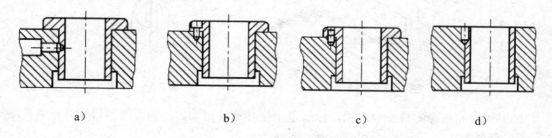

a)   b)   c)   d)

图 3-56 轴承的固定方式

a）用圆柱端紧定螺钉固定；b）用圆柱头螺钉固定；c）用沉头螺钉固定；d）用骑缝螺钉固定

（二）滑动轴承装配要点

滑动轴承装配要点主要有以下几个。

（1）装配前，应仔细倒棱、去毛刺，配合表面要涂润滑油。

（2）装入时，要防止轴套歪斜。

（3）装入后，要修整轴套的变形和内孔的接触。

（三）滑动轴承装配步骤及调整诀窍

滑动轴承装配步骤及调整诀窍主要有以下几个。

（1）读图及装配工艺。轴承为整体式滑动轴承，由紧定螺钉定位，有润滑油孔一处。

（2）准备装配工具、量具、辅具。选取活扳手、一字螺钉旋具、锉刀、刮刀、锤子各一把，油石一块。选取千分尺、内径百分表各一件。配制心轴一根，如图 3-57 所示心轴。准备煤油、全损耗系统用油、擦布适量。

（3）检查零件。用千分尺检查轴套外径，用内径百分表检查座孔内径及配合尺寸是否合格。

（四）滑动轴承装配诀窍

滑动轴承装配诀窍主要有以下几个。

（1）用油石及锉刀去除轴套、轴承座孔上的毛刺并倒棱。

（2）在轴套外圆通过油孔划一条母线，并在轴承座上划线，如图 3-58 所示划线。

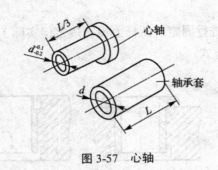

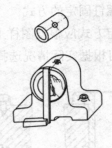

图 3-57 心轴　　　　　　　　　　　图 3-58 划线

（3）用擦布擦净零件配合表面，涂适量全损耗系统用油，将轴套外圆母线对正座孔端线，放入轴承座孔内，如图 3-59 所示摆正轴套。

（4）将螺杆插入心轴孔内，再将心轴插入轴套孔内，在轴承座另一端的螺杆上。先套入直径大于轴套外径的垫圈，再拧入螺母后拧紧，如图 3-60 所示装入螺杆。

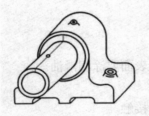

图 3-59 摆正轴套　　　　　　　　图 3-60 装入螺杆

（5）用扳手旋转螺母，将轴套拉入轴承孔内。装配时，可用锤子、铜棒直接敲击心轴，将轴套装配到位。

（6）目测油孔位置正确。

（7）在钻床上钻轴套定位螺孔。攻螺纹后，用一字螺钉旋具将紧定螺钉旋入螺孔内，并拧紧。

（8）用内径百分表测量轴套孔，根据测得的变形量，用刮削方法进行修整。修刮时，最好利用要装配的轴作研具。接触斑点均匀，点数在 12 点 / 25 mm×25 mm 以上，轴颈转动灵活时，轴套为合格。

（9）将轴承用煤油清洗干净，加注全损耗系统用油，准备与轴进行装配。

（五）装配注意事项与禁忌

装配注意事项与禁忌主要有以下几个。

（1）轴套的装入，要根据不同的过盈量采取相应的装入方法。

（2）薄壁轴套装入时，可采用导向套辅助，以避免变形。

（3）修整时，注意控制好轴与孔的配合间隙。

二、主轴轴承装配

（一）主轴轴承的装配方法

主轴轴承的结构不同，装配工艺也有所不同。如图 3-61a 所示为机床外锥内柱式主轴轴承。它的结构特点是：圆锥形外径与轴承座配合，圆柱内孔与主轴轴径配合。轴承外径上开有 5 条等分槽，其中有 1 条槽是铣削透的槽（轴承调整间隙用），如图 3-61b 所示，轴承间隙调整后槽中装入垫片（垫片用吸潮小的硬木或层压板），与轴承形成一个整体以增加轴承的刚度。轴承两端车有锯齿形螺纹（或 T 形螺纹）与螺母 4、5 配合，可调整轴承的工作间隙（轴向位置）。

主轴轴承需要通过刮削来保证接触口精度，首先将轴承外锥与轴承座刮削至要求（接触斑点在 12 点 / 25 mm×25 mm 以上）；内孔刮削时，将轴承装入轴承座内，如图 3-61a 所示，并在后轴承座内装入工艺套定心，将主轴插入轴承和工艺套孔内调整螺母 4、5 研点，与主轴配刮至要求（内孔接触斑点要求在 16 点/25 mm×25 mm 以上）。轴承刮削好后，调整工作间隙（间隙为 0.03～0.04 mm），根据轴承槽宽配作垫片厚度尺寸。轴承装配前，应严格清洗后装入垫片，按顺序装配主轴上的所有零件。

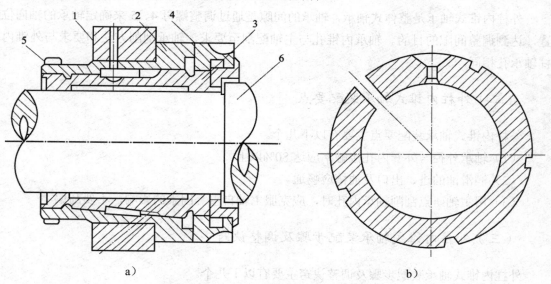

图 3-61　外锥内柱式滑动轴承

1-箱体；2-轴承座；3-轴承；4，5-螺母；6-主轴

图 3-62 所示为外柱内锥式滑动轴承。它主要用于机床主轴轴承。这种轴承结构的特点是外径不得修刮（外径由机械加工保证），直接将轴承压入轴承座内（与轴承座有微量的过盈量）。轴承压入方法如图 3-63 所示。轴承压入前用木锤子将轴承轻轻敲入待装孔端，并将

带有隙孔的压板垫入箱体孔后端面，螺杆上套入垫圈或推力轴承后旋入压板螺孔中，使垫圈或推力轴承与滑动轴承端面贴平，转动压入工具手柄将轴承压入轴承座内。这种压入方式轴承变形量小，对中心好，压入时轴承外径不会损伤。

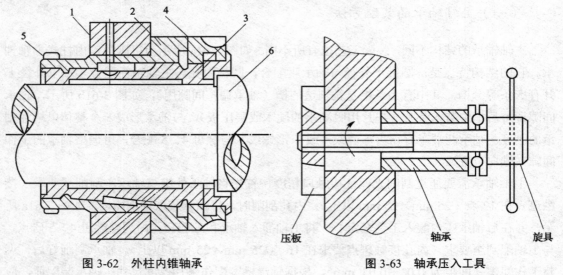

图 3-62　外柱内锥轴承　　　　　图 3-63　轴承压入工具

1-箱体；2-轴承座；3-轴承；4、5-螺母；6-轴承

外柱内锥式轴承是整体式轴承，轴承的间隙是通过调整螺母 4、5 来确定轴承的轴向位置，达到调整间隙的目的。轴承内锥孔与主轴配刮至要求，轴承刮削方法和要求与外锥内柱轴承孔相同。

（二）外柱内锥式轴承装配要点

外柱内锥式轴承装配要点主要有以下几个。

（1）轴承外径与外套内孔接触率应达 80%以上。

（2）润滑油的进、出口及油槽应畅通。

（3）用主轴研点刮削轴承内孔时，应克服主轴自重等因素的影响，不要刮偏。

（三）外柱内锥式轴承装配步骤及调整诀窍

外柱内锥式轴承装配步骤及调整诀窍主要有以下几个。

（1）读图。主轴承外套与箱体孔的配合为 H7 / r6，轴承外圆与外套内孔的接触点数为 12 点 / 25 mm×25 mm，轴承内孔与主轴外圆的接触点数为 12 点/25 mm×25 mm 以上。

（2）准备工具、量具、辅具。选取锉刀、油石、勾头扳手、铜棒各一件，选取内孔刮刀两把，选取游标卡尺一把，选取显示剂、煤油适量。

（3）检查零件。按图清点零件数量用卡尺检查各配合尺寸正确。

（四）装配技巧及调整诀窍

装配技巧及调整诀窍主要有以下几个。

（1）用油石和锉刀去净箱体、主轴承外套、主轴承、螺母表面硬点及毛刺，并用煤油净洗零件配合表面。

（2）在主轴承外套配合表面加注全损耗系统用油，按装配图中位置对正箱体孔后，装入箱体孔。然后再将螺杆穿入挡圈、垫圈，拧入螺母，穿入外套孔中，并在箱体孔另一端的螺杆上套入挡圈，拧入螺母。用活扳手拧紧螺母，将外套拉入箱体孔。

（3）用专用心轴研点，修刮外套内孔，去掉内孔硬点及变形，并保证前后轴承的同轴度。

（4）在轴承外圈涂薄而均布的显示剂，将轴承装入外套内孔，转动轴承研点。

（5）根据研点显示，修整轴承外圈，使其接触斑点均匀，显点在 12 点 / 25 mm×25 mm，配合间隙为 0.008～0.012 mm。

（6）对正轴承油槽与箱体油孔位置，按箱体油孔配钻外套及轴承进油孔和出油孔，使进油孔与轴承油槽相接。

（7）去除钻孔表面毛刺。

（8）把轴承装入外套孔中，两端分别拧入螺母，试调轴承轴向位置。然后装入主轴，调整轴承合适位置，用螺母将轴承位置锁定。

（9）以主轴为研具，用力将轴推向轴承研点，配刮轴承内孔，要求接触点达到 12 点 / 25 mm×25 mm 以上。轴承内孔的接触点应两端"硬"而中间软。油槽两边点子要"软"，以便建立油楔。油槽两端的点子分布要均匀，以防漏油。轴承内孔的研点不要刮偏。

（10）刮研合格后，清洗轴承和轴颈，并重新装配。调整轴承间隙：先将大端螺母 4 拧紧，使轴、轴承的配合间隙消除，然后再拧松大端螺母至一定角度 α，并拧紧小端螺母，即可获得要求的间隙值 α，角度可根据螺母的导程算出。

（五）外柱内锥式轴承装配注意事项与禁忌

外柱内锥式轴承装配注意事项与禁忌主要有以下几个。

（1）为防止刮偏或研偏，主轴箱能垂直摆放的尽量不水平摆放。

（2）每次刮削后的刮屑要清理干净，防止损伤或影响刮研。

（3）主轴轴承的副研要认真，不要有划伤。

三、剖分式轴承装配方法

部分式轴承结构如图 3-64a 所示。部分式轴承由轴承盖、轴承座、上轴瓦、下轴瓦及垫片组成，如图 3-64b 所示。

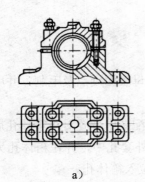

a)

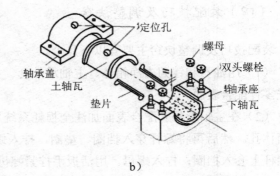

b)

图 3-64 剖分式轴承

a) 部分式轴承结构；b) 部分式轴承组成

轴承上瓦与轴承盖配合、下瓦与轴承座配合应有良好的密合性，并用柱套插入定位孔中固定上轴瓦与轴承盖的位置。刮削轴承内孔时，将轴承盖和底座合上，前后轴承同时刮削至达到要求，刮削完成后修正垫片厚度尺寸来调整轴承间隙，滑动轴承游隙一般按（0.0001～0.0003）d 调整，或按设备的技术要求规定的值进行调整。

（一）剖分式轴承装配要点

剖分式轴承装配要点主要有以下几个。

（1）轴瓦外径与轴承座孔贴合应均匀，接触面积应达要求。

（2）压入轴瓦后，瓦口应高于瓦座 0.05～0.1mm。

（3）配刮好接触及间隙后，垫好调整垫片，按规定拧紧力矩均匀地拧紧锁紧螺母。

（二）装配步骤及调整诀窍

装配步骤及调整诀窍主要有以下几个。

（1）读图。

（2）准备工具、量具、辅具。选取活扳手、锉刀、铰刀、铰杠、木锤各一件，油槽錾二把、内孔刮刀二把，丝锥一副，游标卡尺一把，显示剂、煤油适量。

（3）检查零件。按照装配图清点零件，用游标卡尺检测各配合尺寸正确。

（4）装配及调整。

① 用锉刀去除零件毛刺、倒角，并将装配零件清洗干净。

② 将上、下半瓦作出标记。

③ 在轴瓦背面着色，分别以轴承盖和轴承座为基准，配研接触。观察瓦背面的接触点在 6 点/25 mm×25 mm 以上。

④ 在上轴瓦上与轴承盖配钻油孔。

⑤ 在上轴瓦内壁上錾削油槽，并去除毛刺，錾削油槽。

⑥ 在轴承座上钻下轴瓦定位孔，并装入定位销，定位销露出长度应比下轴瓦厚度小3 mm。

⑦ 在定位销上端面涂红丹粉，将下轴瓦装入轴承座，使定位销的红丹粉拓印在下轴瓦瓦背上。

⑧ 根据拓印，在下轴瓦背面钻定位孔。

⑨ 将下轴瓦装入轴承内，再将四个双头螺栓装在轴承座上，垫好调整垫片，并装好上轴瓦与轴承盖，装好上盖。

⑩ 装上工艺轴进行研点，并进行粗刮。

⑪ 反复进行刮研，使接触斑点达 6 点/25 mm×25 mm，工艺轴在轴承中旋转没有阻卡现象。

⑫ 装上要装配的轴，调整好调整垫片，进行精研精刮。

⑬ 经过反复刮研，轴在轴瓦中应能轻轻自如地转动，无明显间隙，接触斑点在12 点 / 25 mm×25 mm 时为合格。

⑭ 调整合格后，将轴瓦拆下，清洗干净，重新装配，并装配上油杯。

（三）装配注意事项与禁忌

装配注意事项与禁忌主要有以下几个。

（1）剖分式轴瓦孔的配刮，通常先刮下瓦，然后再刮上瓦。为了提高效率，刮下瓦时可不装上盖。下瓦基本符合要求后，再将上盖压紧，并在研刮上瓦时，进一步修正下轴瓦。

（2）必须注意调整好轴承的配合间隙。

四、滚动轴承装配

滚动轴承是一种滚动摩擦的轴承。它由外圈、内圈、滚动体及保持器四部分组成。它具有摩擦小、效率高、轴向尺寸小、装拆方便等特点，是一种标准化、系列化的轴承，适应各种结构的支承，广泛用于各种机械的传动系统。

（一）滚动轴承的装配要求

滚动轴承装配时应注意以下几点。

（1）轴承装配前应严格进行清洗保持清洁，轴承不宜用棉纱等织物擦除轴承污垢，以防止杂物进入轴承内。

（2）滚动轴承装配时，应将轴承标有代号的端面装在可见部位，以便以后更换轴承时能方便地看清轴承的型号。

（3）轴承装配在轴上和壳体孔中，应没有歪斜和卡住现象。轴颈或壳体孔台肩处无退屑槽时，装配时应注意台肩处圆弧半径应小于轴承的圆弧半径。

（4）为了保证滚动轴承工作时有一定的热胀伸长余地，在同轴的两个轴承中，必须有一个轴承外环可在热胀时产生轴向移动（非分离式轴承），分离式轴承如圆锥滚子轴承应进行二次调整，即装配后进行粗调间隙可适当大些，试车时达到工作温度后进行第二次调整。以免轴或轴承因温度升高而产生附加应力。

（5）力轴承的两个圈分为松、紧两种配合。装配时，应注意松圈和紧圈的装配位置不能搞错，紧圈应装在轴肩端面处，松圈应装在壳体孔端面方向，否则轴运转后将会使轴和壳体端面损坏。

（6）轴承装配后，盘动工作轴应转动灵活，无阻滞现象，并有适当的工作游隙，方能试车，运转时应无振动和噪声。

（二）滚动轴承的润滑

滚动轴承为了维持长期良好的工作状态，轴承的润滑非常重要。良好的润滑不仅能减少轴承的摩擦磨损，同时还能吸收和减少振动、降低噪声等作用，使轴承保持较好的工作状态。

滚动轴承的润滑剂有润滑油、润滑脂和固体润滑剂三类。轴承的润滑应根据轴承的工作性质、转速、工作环境及精度要求，应选择合适的润滑方式。

1. 油润滑润

油润滑润方式根据工作轴的结构特点、转速高低和负载大小有多种润滑方式。

（1）油浴润滑。对于在低速或中速（≤500 r/min）工作的轴承，油润滑一般采用油浴润滑方式，如图 3-65a 所示。水平方向安装的轴承，油面应在轴承下面滚动体的 1/3～1/2 位置，对垂直安装的轴，油面应在轴承滚动体 1/2～2/3 位置，如图 3-65b 所示。

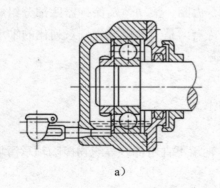
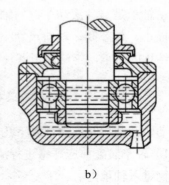

a)   b)

图 3-65　油浴润滑

a）油浴润滑方式；b）油面在轴承下面的位置

（2）滴油润滑。工作在较高速度的轴承（大于 1000 r/min），采用给油器或油线滴油润滑。滚动轴承的润滑不需要大量的润滑油，它只要在滚导体上经常保持薄薄一层润滑油即能满足工作要求，过多的润滑油不仅不能使轴承产生散热作用，反而会因轴承滚动体的搅拌作用产生大量的热能，使工作轴的工况变差。润滑油过多或过少，都会引起轴承温度上升。滴油润滑的流量一般按 60～70 滴/min 为宜。少量的润滑油能保证轴承所需的润滑要求，减少轴承的搅拌作用，有利于降低轴承的温升。

如图 3-66a 所示为针阀式油杯滴油润滑结构图。如图 3-66b 所示为针阀式玻璃油杯。润滑油灌入杯内后，通过油杯上部的调节螺母，调节针阀的位置来控制油液的流量，并可通过透明玻璃罩透视杯内油液的流量和使用情况，便于及时添加润滑油。

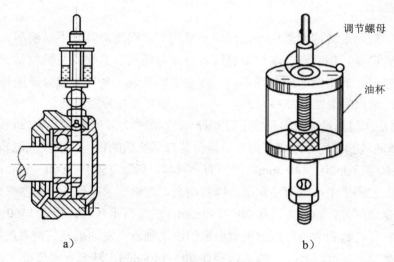

a)　　　　　　　　　　　　　　　　b)

图 3-66　滴油润滑

a）针阀式油杯滴油润滑结构图；b）针阀式玻璃油杯

对于箱体内有给油槽的结构，一般采用油线（毛线）引入流油的方式，通过传动齿轮将油飞溅进入油槽通过轴线将油滴入轴承。

（3）循环润滑。有专门的供给油系统（由油泵供油）可采用循环式润滑，当油进入轴承润滑后油液返回油池冷却、过滤后重新输入轴承润滑，如图 3-67 所示。循环供油的流量按 0.5～1.5/7 mm 为宜。

（4）油雾润滑。处于高速（10000 r/min 以上）或重载的轴承，常将润滑油雾化后润滑，如图 3-68 所示。润滑油与不含水分的压缩空气混合后，通过喷雾发生器，将润滑油雾化后吹向轴承工作部位，能有效地降低轴承的温升并达到润滑的目的。

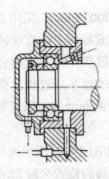

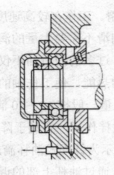

图 3-67　循环润滑　　　　　图 3-68　油雾润滑

2．润滑脂润

滑润脂一般用于转速和温度不很高的轴承润滑，润滑脂具有不易渗漏、不需要经常添加且密封装置简单、能防潮、维护保养比较方便等优点。其缺点是稀稠易受温度变化，轴承散热效果较差。润滑脂适应各种不同工作要求的场合，使用时应合理选择润滑脂的型号和填充方法。常用润滑脂的品种有钙基、钠基、锂基及各种混合剂。

（1）钙基润滑脂种类繁多是使用最多的一种润滑脂，其色泽呈淡黄色或褐色。分为 1～4号。1 号钙基润滑脂适用于温度≤55℃，轻负荷自动给脂的轴承，以及气温较低的地区的小型机械，轴承内径在 20～140 mm，潮湿有水环境，转速 1500～5000 r/min 的轴承润滑。2号钙基润滑脂适用于中小型滚动轴承，以及冶金、运输、采矿设备中温度≤55℃的轻负荷、高速机械的摩擦部位，轴承内径在 20～140 mm，潮湿有水环境，转速 1500～3000 r/min 的轴承润滑。3 号钙基润滑脂适用于中型电机的滚动轴承，发动机及其他温度在 60℃以下中等负荷中转速的机械摩擦部位，轴承内径在 20～140 mm，潮湿有水环境，转速＜300r/min的轴承润滑。4 号钙基润滑脂适用于汽车、水泵的轴承、重负荷自动机械的轴承，发电机、纺织机及其他温度≤60℃重负荷、低速的机械，轴承内径在 20～140 mm，潮湿有水环境，转速＜300 r/min 的轴承润滑。合成钙基润滑脂色泽为深黄色或暗褐色，具有良好的润滑性能和抗水作用，适用于工业、农业、交通运输等机械设备的润滑，使用温度不高于 60℃的工作环境。石墨钙基润滑脂用于齿轮、汽车弹簧、起重机齿轮转盘、矿山机械、绞车和钢丝绳等高负荷、低速的粗糙机械润滑。

（2）钠基润滑脂色泽深黄色或暗褐色，使用于温度不高于 110℃，且无水分及潮湿的工业、农业等机械。

（3）合成锂基脂润滑脂色泽浅褐色或暗褐色，具有一定的抗水性能和较好的机械稳定性能，用于温度 20～120℃的机械设备的滚动和滑动摩擦部位。

3．润滑脂填充要求

滚动轴承内或体壳腔内填充润滑脂量必须适当。若填充量过多，轴承在高速运转时散热条件较差，会引起温升过高润滑脂变稀会引起润滑脂泄漏，不能保证轴承长期安全运转。滚动轴承的润滑脂填充时应注意以下几点。

（1）滚动轴承润滑脂不应填满，填充量应在轴承内部空间的 1/3～1/2 即可。水平安装的轴承填充 1/3～1/2；垂直安装的轴承填充上侧的 1/3 或下侧的 1/2。

（2）容易污染和潮湿的环境，工作在小速或低速的轴承，轴承有较好的密封时，可将轴承和轴承盖里的全部空间填满。

（3）高速轴承的润滑脂不应填满，应填充至 1/3 或更少为宜，并在装填润滑脂前先将轴承放在润滑油中浸泡一下，以免在启动时因润滑脂不足而使轴承加速磨损。

（三）滚动轴承的装配和拆卸方法

1. 滚动轴承的装配方法

滚动轴承装配方法有锤击法装配、压入法装配和温差法装配等方法。装配时，应根据生产条件、批量和轴承的精度，合理选择装配的方法。

（1）锤击法装配。锤击法装配使用工具简单、方便、装配效率较高，但轴承的装配精度不高，适用于一般精度的轴承装配。锤击法装配是利用锤子锤击垫棒将轴承装配到轴上或壳体孔中，如图 3-69 所示。如图 3-69a 所示，装配前先将轴承轻轻地锤入轴颈上，然后将垫棒垫在轴承内圈端面上，锤子轻轻锤击垫棒顶部，使作用力于轴线均匀地作用在轴承内圈端面上，将轴承安装在轴颈上。如图 3-69b 所示，垫棒垫在轴承外端面上，锤子作用力通过垫棒作用在轴承外圈端面上，将轴承敲入壳体孔中。如图 3-69c 所示，垫棒端面同时与轴承外圈和内圈端面接触，锤子的作用力同时加在轴承外圈和内圈端面上，使轴承的内外圈同时敲入轴颈和壳体孔中。避免了锤击力作用在某一圈的端面上，通过滚动体过渡到另一圈上，这样不仅会影响轴承的装配位置的质量，甚至会使轴承的精度下降。

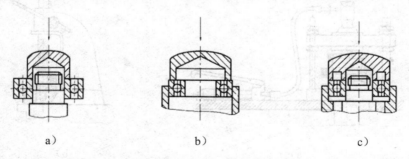

a) b) c)

图 3-69 锤击法工艺垫套轴承装配

a）将轴承轻轻地锤入轴颈上；b）垫棒垫在轴承外端面上；c）垫棒端面同时与轴承外圈和内圈端面接触

锤击法装配使用的垫棒是车制成不通孔的棒料，内孔直径应大于轴颈直径，不宜用实心的垫棒。轴承装配不允许用锤子直接敲击轴承端面进行装配，也不宜通过铜棒或铝棒垫入敲击一个方向装配，这种装配方法不仅质量差，甚至还会损坏轴或壳体孔的配合表面。如图 3-70a 所示，锤子锤击垫棒使作用力在轴承单一方向，锤击时会因单一方向作用力使轴承倾斜前进。这种方法不仅影响轴承安装质量和效率、同时内于单一方向作用力使轴承内圈在轴颈上产生压痕，使装配后的轴承内圈产生不规则变形，或轴承装入后有可能出现如图 3-70b 所示的情况，轴承未能安装到位的现象影响装配质量。

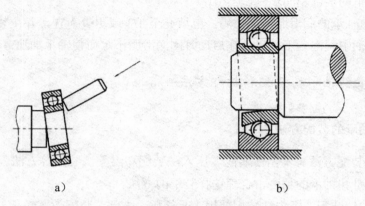

a)   b)

图 3-70 单一方向锤击垫棒装配的影响

a）锤子锤击垫棒使作用力在轴承单一方向；b）轴承未能安装到位

（2）压入法装配。压入法装配是通过手动机械或液力传动工具将轴承压入轴或壳体孔中。如图 3-71a 所示为大直径轴承装配方法。液压压力机适合大直径轴承的装配。装配时，将轴安置在夹具上，利用液压装置施力于工艺套圈上将轴承压入轴颈。如图中 3-71b 所示为中小型轴承装配，它利用机械压力机压入轴承。压入法装配轴承受压时没有冲击力，压入力均匀分布在轴承圈端面上，装配质量比敲击法好。

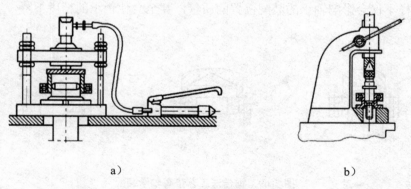

a)   b)

图 3-71 压力机装配轴承

a）大直径轴承装配方法；b）中小型轴承装配

（3）温差法装配。温差法装配是通过将轴承加热或制冷，使内圈热胀或外圈冷缩的装配方法。装配时，通过内外圈尺寸变化直接将轴承放入待装轴上或壳体孔中。温差法装配的轴承定位精确，质量高，尤其对精密、高精度轴承的装配，是唯一行之有效的装配方法。

① 轴承加热装配的方法（图 3-72），轴承加热的方法可用油箱、电烘箱或电磁方法加热。油箱加热为最简便的方法，适合小批量的轴承装配，轴承加热时不能直接放在油箱底上加热，以免轴承受热不均匀或有脏物嵌入轴承内。

加热时应将轴承放在油箱网格上，如图 3-72a 所示。网格与箱底应有一定的距离，较小轴承可按如图 3-72b 所示的悬挂式加热。轴承加热到 80～100℃，取出后立即将热胀的轴承放入轴上即可。热胀法装配几乎不需要施力装配，装配后的轴承温度恢复到室温后，即能固定在轴上。

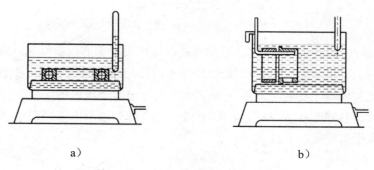

a)　　　　　　　　　　　　　　　b)

图 3-72　轴承加热油箱

a）轴承放在油箱网格上加热；b）悬挂式加热

② 轴承冷缩装配方法。轴承冷缩装配方法是主要针对轴承外圈的装配。装配前，将轴承放入制冷剂中制冷，经冷缩的轴承装配非常方便，装配时只需将轴承放入壳体孔中即可，待轴承至室温时便固定在壳体孔中，装配十分方便，尤其适用于分离式结构的轴承外圈的装配。轴承制冷的方法可通过固体二氧化碳（干冰）、液氮或制冷设备制冷。

批量不大的轴承装配可采用固体二氧化碳和保温箱保温制冷，装配前只要将轴承用清洁的纸或布包好埋入干冰中，用保温箱保温 1～2h 即可装配。这种制冷方式简便、成本低，但制冷时可能有杂质嵌入轴承内，需要有保洁措施。批量较大的零件制冷，可采用制冷设备制冷，制冷设备的制冷效果要比干冰、保温箱好，制冷清洁，只是投入购置设备的费用较高。

2. 滚动轴承拆卸方法

滚动轴承更换拆卸常用的方法有锤击法、压出法和拉出法等方法。

（1）用锤击法拆卸。轴承与轴分离拆卸，将轴承放在有孔的平台上垫实垫块，用木锤子锤击轴端拆卸轴承，如图 3-73a 所示。图 3-73b 所示的结构上有防尘盖的可直接将轴承外圈敲出，无防尘盖的可用垫棒将其轻轻敲出。

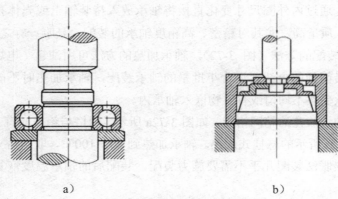

a)   b)

图 3-73 用锤击法拆卸轴承图

a）用木锤子锤击轴端拆卸轴承；b）有无防尘盖的拆卸

（2）拉出器（拉马）拆卸。轴承与轴分离拆卸可用拉出器拉出轴承，如图 3-74 所示。图 3-74a 为双杆拉出器，图 3-74b 为三杆拉出器。拉出器螺杆端部与轴端不直接接触，在拉出器螺杆中心孔与轴端中心孔之间放入一钢球，使拉出器能较好的定位，同时旋转拉出器螺杆时也省力。调整好两杆或三杆拉杆脚距离，使弯脚与轴承内圈端面接触，转动螺杆拉杆脚的力均匀地作用在轴承上取出轴承。

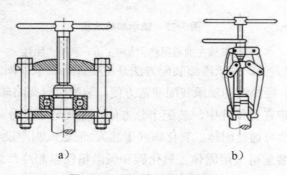

a)   b)

图 3-74 用拉出器拆卸轴承

a）双杆拉出器；b）三杆拉出器

（3）用拔销器拆卸。当轴与轴承需要从箱体中拆卸时，可利用轴端内螺纹与拔销器联接，用作用力圈撞击受力圈拉出，使轴承与轴分离，如图 3-75 所示。

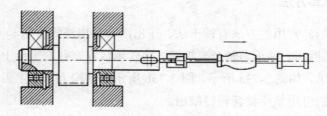

图 3-75 用拔销器拆卸轴承

任务六 蜗杆及齿轮传动机构的装配

任务目标

【知识目标】

（1）掌握蜗杆及齿轮传动机构装配的工艺过程。

（2）掌握蜗杆及齿轮传动机构装配的工作要点。

（3）熟悉蜗杆及齿轮传动机构装配的方法。

【技能目标】

（1）正确使用蜗杆及齿轮传动机构装配各类工具。

（2）掌握各类蜗杆及齿轮传动机构装配注意事宜。

知识与技能

一、蜗杆传动机构装配的技术要求

蜗杆传动机构用于传递两垂直交叉轴的运动和动力，以及降速比要求较大的传动机构。它传动平稳、噪声小，具有降速比大、结构紧凑、自锁性好等特点。蜗杆传动机构的缺点是传动效率较低，工作时发热量大，需要有良好的润滑条件。

（一）蜗杆传动机构装配的技术要求

蜗杆传动机构装配的技术要求主要有如下几个。

（1）蜗杆轴心线应与蜗轮轴心线垂直。

（2）蜗杆的轴心线应在蜗轮轮齿的对称中心平面内。

（3）蜗杆、蜗轮间的中心距要准确。

（4）适当的齿侧隙和正确的接触斑点。

（二）蜗杆副的装配要点

图 3-76 所示为典型的蜗杆蜗轮减速机构。它内蜗杆和蜗轮组成。蜗杆轴上的叶轮起降温作用。

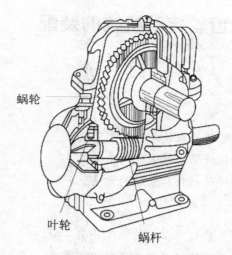

蜗轮

叶轮

蜗杆

图 3-76　典型的蜗杆蜗轮减速机构

　　蜗杆、蜗轮装配程序是：首先装蜗轮后装蜗杆。然后调整蜗轮的轴向位置。蜗轮的轴向位置可通过改变蜗轮轴上的调整垫圈厚度进行调整。蜗杆、蜗轮减速箱装配通常需要进行试装调整，确定蜗轮与蜗杆有正确的位置才能装配。

　　蜗轮试装（放置好调整垫圈）应用涂色法检查蜗轮装配位置是否正确，如同 3-79 所示。将显示剂（红丹或钛青蓝）涂在窝杆的螺旋面上。转动蜗杆，根据蜗轮轮齿上的接触斑点位置来判断。蜗轮正确位置的接触斑点应在轮齿中部稍偏向蜗杆旋出方向。正确的安装位置如图 3-77a 所示。图 3-77b 所示表示蜗轮位置偏右；图 3-77c 所示表示蜗轮的位置偏左。因此，图 3-77b、图 3-77c 两种情况都应重新调整蜗轮的位置。

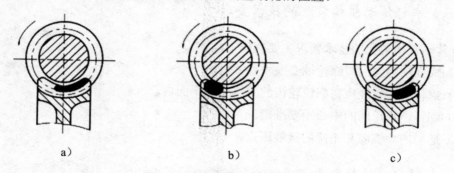

a）　　　　　　　　　　　　b）　　　　　　　　　　　　c）

图 3-77　蜗杆啮合接触斑点检查

a）正确位置；b）蜗轮位置偏右；c）蜗轮位置偏左

　　对于要求较高的传动机构，可用百分表测量检查蜗杆副啮合侧隙，如图 3-78 所示，将装配后的蜗杆固定，在蜗轮输出轴上装一测量杆，百分表测头指于测量杆上，转动蜗轮，可通过百分表上的读数差值计算得到空程角与侧隙的近似关系值。如果蜗轮轮齿接触斑点偏向于轮齿的齿顶或齿根部位，则反映蜗杆与蜗轮间的中心距偏大或偏小，可对壳体孔进行检查或镶偏心套予以修正。

　　如图 3-79 所示为蜗杆箱体两孔垂直度检查。检查时，分别将芯轴 1，2 插入箱体孔中，在蜗轮芯轴 1 上一端安装百分表架，表测头与芯轴 2 接触，转动芯轴 1，百分表上的读数差值，即是两轴线的不垂直度值。蜗杆箱体两孔中心距的测量按如图 3-80 所示的方法。将 3 个千斤顶安置在平板上，并将箱体置于 3 个千斤顶上，高度游标尺量爪上安装杠杆百分表作零位校正，调整千斤顶使芯轴 2 与平板表面平行，记录高度游标尺上读数值，然后将高度游标尺上杠杆表头移置芯轴 1 同一方向上测量，调整高度游标尺，使杠杆表置于零位（与芯轴 2 同一读数值）。此时，高度游标尺上的读数差值即为中心距实际尺寸（芯轴 1，2 不同径时，应加上或减去差值）。如果箱体孔中心距或垂直度超差较多时，则应将壳体孔重新镗削镶套予以修正。

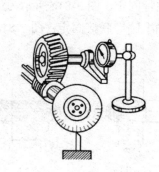

图 3-78　蜗杆副侧吸隙检查

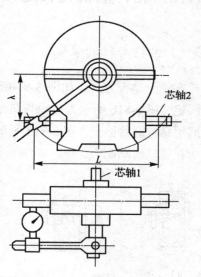

图 3-79　蜗杆箱两孔垂直度检查

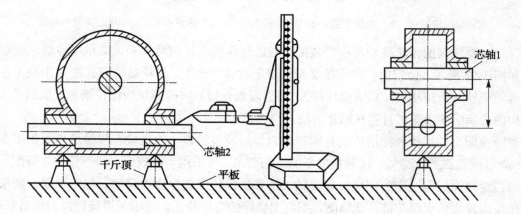

图 3-80　蜗杆箱体中心距检查

二、齿轮装配的技术要求

齿轮传动是机械上使用最多的传动方式。它是依靠轮齿间的啮合来传递运动和力矩。

（1）齿轮孔与轴的配合应满足使用要求。固定在轴颈的齿轮通常与轴有少量的过盈配合，装配时需要加一定外力压装在轴上，装配后齿轮不得有偏心或歪斜；滑移齿轮装配后，不应有咬住和阻滞现象，多空套在轴上的齿轮配合间隙和轴向窜动不能过大或有晃动现象。

（2）保证齿轮装配后有一定的接触面积、正确的啮合接触部位和合理的齿侧隙。

（3）齿轮副啮合轴向位置应符合技术要求，两齿轮啮合轴向位置错位不得大于规定值 a。

三、圆柱齿轮传动机构装配

（一）齿轮与轴的装配

齿轮在轴上结合方式，如图 3-81 所示。图 3-81a 所示为齿轮与轴通过半圆键联接，并由螺母固定；图 3-81b 所示为齿轮与花键轴联接，由螺母进行固定。图 3-81c 所示为齿轮通过轴台肩用螺栓联接固定；图 3-81d 所示为齿轮锥孔与锥轴半圆键联接固定；图 3-81e 所示为齿轮与花键轴滑动配合。

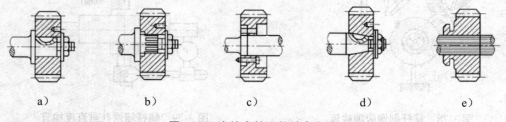

a)　　　　　　b)　　　　　　c)　　　　　　d)　　　　　　e)

图 3-81　齿轮在轴上的结合方式

a）半圆键联接；b）花键联接；c）轴间螺栓联接；d）圆锥联接；e）与花键滑动联接

精度要求高的齿轮传动机构，装配后应进行齿轮的径向跳动和端面跳动检查。检查方法如图 3-82 所示。检查前，将等高 V 形块置于检验平台上，齿轮轴组安放在 V 形块上并在轮齿槽中放入一圆柱规（精密圆柱棒），用百分表分别或同时测量齿轮轮槽和端面的跳动。机构内部装配的齿轮可直接在箱体内校表检查。

圆锥配合的齿轮装配前应进行圆锥配合接触精度检查。涂色检查接触斑点面积不少于75%，且应近锥孔大端处。接触精度不能达到要求，可采用刮削或研磨进行修正。装配后轴端与齿轮端面应有一定的间隙。花键轴上滑移的齿轮应能自由内移动无阻滞现象。如果齿轮轮齿因淬火后引起花键孔变形时，不宜用修锉的方法修正，可用无刃花键拉刀推挤修正。

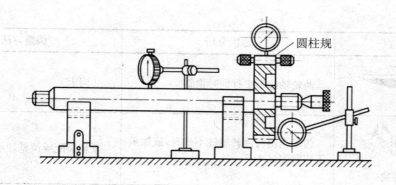

圆柱规

图 3-82　齿轮装配后径向跳动和端面跳动检查方法

（二）柱齿轮装配质量检查

齿轮装配质量可通过齿轮的啮合接触斑点及齿轮的啮合侧隙正确与否来检查。

1. 圆柱齿轮啮合质量检查

齿轮正常接触斑点应在全齿宽及轮齿分度圆处，通过涂色检查接触斑点的分布情况判断产生误差的原因。表 3-4 为直齿圆柱齿轮接触斑点可能出现的情况及调整方法。

表 3-4　直齿圆柱齿轮接触斑点可能出现的情况及调整方法

接触斑点	原因分析	调整方法
正常接触		
中心距过大	中心距过大	箱体重新镗孔修正后镶套
中心距过小	中心距过小	（同上）
同向偏接触	两轮轴线不平行	（同上）
异向偏接触	两轮轴线歪斜	（同上）

续表

接触斑点	原因分析	调整方法
单面偏接触	两轮轴线不平行同时歪斜	（同上）
游离接触	齿轮歪斜与回转轴线不垂直，或轴承工作游隙过大	重新装配或调整轴承工作游隙

2. 齿侧隙检查

齿轮传动除了要有良好接触精度外，需要有合适的齿侧隙，齿侧隙是保证齿轮正常工作的重要条件之一。直齿圆柱齿轮装配后，齿侧隙检查方法有压铅法和校表法两种。

（1）压铅丝法检查齿侧隙。压铅法检查如图 3-83 所示方法。在齿面沿齿宽两端平行放置 2～4 条铅丝（可使用电工用保险丝，铅丝直径不宜超过最小侧隙的 4 倍），转动齿轮测量被压扁软铅丝后最薄处的尺寸，测量所得值即为齿侧隙的实际值。

（2）用百分表检查齿侧隙。图 3-84 所示为百分表测量直齿圆柱齿轮的齿侧隙方法。测量时，固定一齿轮，将百分表测头与另一齿轮的齿面接触（也可用杠杆表触头直接接触齿面测量），盘动被测齿轮从一侧啮合齿面到另一侧啮合齿面，百分表上的读数差值，即为齿侧隙。

图 3-84 所示为斜齿轮的侧隙测量方法。在被测齿轮上装一夹紧杆 1，将百分表 2 测头与夹紧杆 1 接触盘动被测齿轮，通过百分表上的读数差值计算得出齿侧隙值。

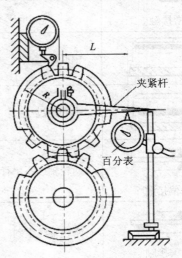

图 3-83 压铅丝法图　　图 3-84 校表法测量

四、圆锥齿轮机构的装配

装配圆锥齿轮常遇到的工作内容是：两齿轮轴的轴向定位和齿侧隙调整工作。圆锥齿轮装配如图 3-85 所示。两齿轮轴的轴向定位通过调整垫圈厚度尺寸来确定两锥齿轮轴的轴向位置。装配时，可根据需要固定某一齿轮轴，调整另一齿轮轴的轴向位置。

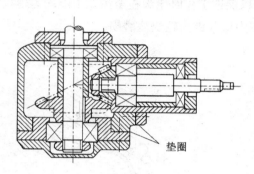

图 3-85　直齿圆锥齿轮装配图

（一）以安装距离调整

若大锥齿轮轴作为锥齿轮副的从动轴，与另一往上齿轮啮合有轴向位置要求时，小齿轮轴向定位则以与大齿轮轴的"安装距离"（小齿轮基准面至大齿轮轴的距离）为调整依据，如图 3-86 所示。

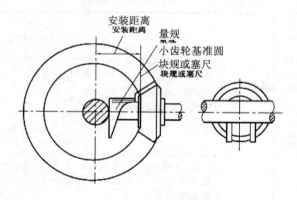

图 3-86　锥齿轮距离调整方法

若小齿轮轴轴向位置固定，可调整齿侧隙来决定大齿轮的轴向位置，如图 3-89 所示。调整时，将百分表侧头置于大齿轮齿面上，固定小齿轮，盘动大齿轮并调整大齿轮轴轴向位置，使百分表上的读数差至要求的齿侧隙值。

（二）以背锥面作基准调整

调整两锥齿轴轴向位置时，通过调整两轴的垫圈厚度尺寸，将两锥齿轮背锥面对齐，即能保证合理的齿侧隙，如图 3-87 所示。圆锥齿轮传动的啮合情况检查与圆柱齿轮相似，也是采用涂色检查。锥齿轮啮合接触斑点要求在空载时，轮齿的接触斑点应靠近锥齿轮的小端，如图 3-88a 所示，以保证工作时轮齿在全齿宽上能均匀地接触；如图 3-88b 所示，避免重负荷时大端区应力集中造成锥齿轮快速磨损。

a） b）

图 3-87　锥齿轮齿侧隙测量方法　　　　图 3-88　锥齿接触斑点

a）无载荷；b）满载荷

圆锥齿轮的接触斑点分布情况及调整方法见表 3-5。

表 3-5　圆锥齿轮的接触斑点及调整方法

接触斑点	齿轮种类	现象及原因	调整方法
正常接触（中部偏小端接触）	直齿及其他圆锥齿轮	1. 在轻微负荷下，接触区在齿宽中部，略宽于齿宽的一半，稍近于小端，在小齿轮齿面上较高，大齿轮上较低，但都不到齿顶	
低接触 高接触 高低接触	直齿锥齿轮	2. 小齿轮接触区太高，大齿轮太低（见左图），由于小齿轮轴向定位有误差	小齿轮沿轴向移出，如侧隙过大，可将大齿轮沿轴向移动
		3. 小齿轮接触太低，大齿轮太高，原因同"2"，但误差方向相反	小齿轮沿轴向移进，如侧隙过小，则将大齿轮沿轴向移出
		4. 在同一齿轮的一侧接触区高，另一侧低。如小齿轮定位正确且侧隙正常，则为加工不良所致	装配无法调整，需调换零件。若只作单向传动，可按"2"或"3"调整，可考虑另一齿侧的接触情况

续表

接触斑点	齿轮种类	现象及原因	调整方法
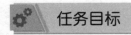低接触的小端 高接触的大端 高接触的小端 低接触的大端 高低接触	螺旋锥齿轮	5．小齿轮接触区高，大齿轮接触区低。由于齿宽方向曲率关系，小齿轮凸侧略偏大端，大齿轮则相反。主要由于小齿轮轴向定位有误差	调整方法同"2"
		6．小齿轮接触区低，大齿轮高，现象与5相反，原则相同	调整方法同"3"
		7．在同一齿的一侧接触区高，而在另一侧接触区低，如小齿轮定位正确且侧隙正常，则为加工不良所致	调整方法同"4"
小端接触 同向偏接触	直齿及圆锥齿	8．两齿轮的齿两侧同在小端接触，由于轴线交角太大	不能用一般方法调整，必要时修刮轴瓦
		9．同在大端接触。由于轴线交角太小	
大端接触 小端接触 异向偏接触	直齿锥齿轮及螺旋锥齿轮	10．大小齿轮在齿的一侧接触与大端，另一侧接触于小端，原因是两轴心线有偏移	应检查零件加工误差，必要时修刮轴瓦

任务七　减速器的装配

任务目标

【知识目标】

（1）掌握减速器装配的工艺过程。

（2）掌握减速器装配的工作要点。

（3）熟悉减速器装配的方法。

【技能目标】

（1）正确使用减速器装配各类工具。

（2）掌握减速器装配注意事宜。

知识与技能

一、减速器的基本结构

图 3-89 所示为自动送料减速器的装配图,图 3-90 所示为自动送料减速器的结构外形图。减速器由箱体、齿轮、蜗杆、蜗轮、V 带轮、凸轮、轴、轴承和盖板等组成。箱体由铸铁制成,上有固定的箱盖。箱体内储有润滑油,靠蜗轮转动时将润滑油溅到轴承和锥齿轮处加以润滑。

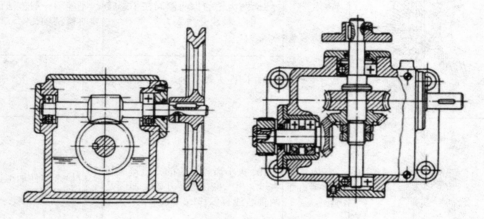

图 3-89　自动送料减速器装配图

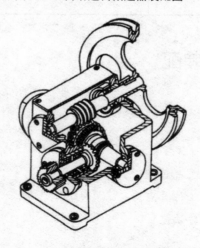

图 3-90　自动送料减速器外形图

减速器的运动由右端 V 带轮传递，经蜗杆轴转动蜗轮，由蜗轮传给一对圆锥齿轮和轴外端连接的凸轮，最后由安装在圆锥齿轮轴右端的齿轮传出。

二、减速器组件装配

（一）减速器的装配技术要求

减速器的装配技术要求主要有以下几个。

（1）零件和组件必须按照装配图要求安装在规定的位置，各轴线之间应该有正确的相对位置。

（2）固定连接件（如键、螺钉、螺母等）必须保证零件或组件牢固地连接在一起。

（3）旋转机构必须能灵活地转动，轴承的间隙应调整合适，能保证良好的润滑和无渗漏现象。

（4）锥齿轮副和蜗轮副的啮合必须符合技术要求。

（二）减速器的组件装配工艺

组件装配工作的主要内容有：零件的清洗、整形和补充加工、零件的预装、组装等。

（1）零件的清洗主要是清除零件表面的防锈油、灰尘、切屑等。

（2）零件的整形主要是修整箱盖、轴承盖等铸件的不加工表面，使其外形与箱体结合的部位外形相一致。同时修整零件上的锐边、毛刺和搬运中因碰撞而产生的印痕。

（3）零件上的某些部位需要在装配时进行补充加工。例如对箱体与箱盖、箱体与各轴承盖的连接螺纹孔进行配钻和攻螺纹等，如图 3-91 所示。

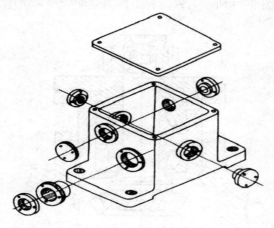

图 3-91　箱体与各有关零件的配钻

（三）零件的预装

零件的预装又叫试配。为了保证装配工作能够顺利地进行，某些相配零件应先试配，待配合达到要求后再拆下。在试配过程中，有时还要进行修锉、刮削、研磨等工作。图3-92所示为减速器中各轴与带轮、凸轮、齿轮和蜗轮配键预装示意图。

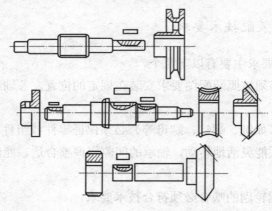

图 3-92 减速器零件配键预装示意

（四）组件的装配

由减速器装配图可以看出，蜗杆轴、蜗轮轴和锥齿轮轴及轴上的有关零件虽然是独立的，但是从装配的角度来看，除齿轮组件外，其余两根轴及轴上所有的零件都不能单独地进行装配。图 3-93 所示的锥齿轮组件之所以能进行单独的装配，是因为该组件装入箱体部分的所有零件尺寸都小于箱体孔。在不影响部件装配的前提下，应尽量将零件先装配成组件，以提高装配效率。图 3-94 所示为锥齿轮组件的装配顺序示意图，装配基准是锥齿轮轴。

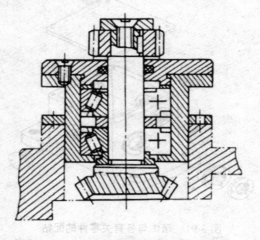

图 3-93 锥齿轮组件

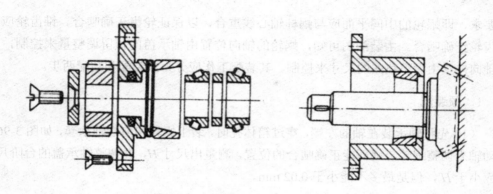

图 3-94　锥齿轮组件装配顺序示意图

三、减速器的装配与调整

在完成减速器组件的装配后，即可进行部件装配工作。减速器的部装是从基准零件——箱体开始的。根据该减速器的结构特点，采用先装蜗杆、后装蜗轮的装配顺序。

（一）蜗杆的装配

将蜗杆连同两端轴承先装入箱体，再装上前端轴承盖，并用螺钉拧紧。这时可轻轻敲击蜗杆轴的左端，使前端轴承消除间隙并紧贴轴承盖，再装入调整垫圈和左端轴承盖，并测量间隙Δ，根据间隙Δ的大小，将调整垫圈磨去一定尺寸，以保证蜗杆无轴向窜动。最后将配磨好的垫圈和左端轴承盖装好，用螺钉拧紧。并用百分表在蜗杆轴右端检查其轴向窜动，如图 3-95 所示。

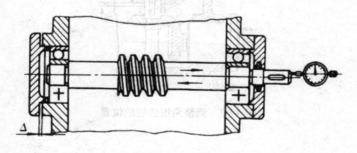

图 3-95　调整蜗杆轴的轴向间隙

（二）蜗轮的装配

将蜗轮轴及轴上零件装入箱体，这项工作是装配减速器的关键。装配后应满足两个基本要求，即蜗轮的中间平面应与蜗杆轴心线重合，以保证轮齿正确啮合。锥齿轮应与另一锥齿轮正确啮合。由装配图可知，蜗轮的轴向位置由轴承盖的预留调整量来控制，锥齿轮的轴向位置由调整垫圈的尺寸来控制。其装配工作应分为预装配和装配两步。

1. 预装配

（1）先将轴承装在轴的左端，穿过箱体孔时，装上蜗轮和前端轴承套，如图 3-96 所示。移动轴来调整蜗轮与蜗杆能正确啮合的位置，测量出尺寸 H，并调整轴承盖的台阶尺寸 H'。H 应小于 H'，但是最多不能小于 0.02 mm。

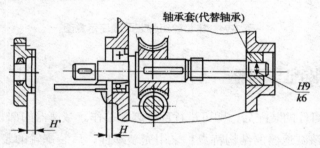

图 3-96　调整蜗轮轴向位置

（2）蜗轮轴上各有关零件装入，再装锥齿轮组件，如图 3-97 所示。调整两锥齿轮的位置使其啮合正确（应使齿背齐平），分别测量 H_1 和 H_2，然后拆卸下各零件。再按 H_1 和 H_2 的尺寸分别配磨两垫圈。

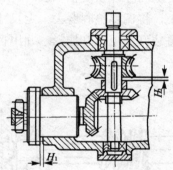

图 3-97　调整两锥齿轮的位置

2. 装配

（1）从大轴承孔方向将蜗轮轴装入，同时依次将键、蜗轮、锥齿轮、两圆螺母装在轴上，从箱体轴承孔的两端分别装入滚动轴承及轴承盖，用螺钉拧紧。装配后，用手转动蜗杆轴时应灵活，无阻滞现象。

（2）锥齿轮组件与调整垫圈一起装入箱体，用螺钉紧固。复验锥齿轮啮合间隙量，并作进一步的调整。

（3）装 V 带轮及凸轮。

（4）清理内腔，注入润滑油。安装箱盖带，装上试验台，用 V 带与电动机上的 V 带轮相连接。

（5）空运转试车。试车时，应至少运转 30 min，观察运转情况。此时，轴承的温度不能超过规定的要求，齿轮无显著噪声以及符合装配后的各项技术要求。

任务八　卧式车床及其总装配工艺

任务目标

【知识目标】

（1）掌握卧式车床总装配的工艺过程。

（2）掌握卧式车床总装配的工作要点。

（3）熟悉卧式车床总装配的方法。

【技能目标】

（1）正确使用卧式车床总装配各类工具。

（2）掌握卧式车床总装配注意事宜。

知识与技能

一、机床装配基本知识

机床是用切削的方式将金属毛坯加工成机器零件的机器，它是制造机器的机器。它的精度是机器零件精度的保证。因此，机床的安装显得特别重要。机床的装配通常是在工厂的装配工段或装配车间内进行。但在某些场合下，制造厂并不将机床进行总装。为了运输方便（如重型机床等），产品的总装必须在基础安装的完成后才能进行，在机床制造厂内只进行部件装配工作，而总装则在工作现场进行。

（一）机床设备基础施工技术

1. 地基的要求

机床的自重、工件的重力、切削力等，都将通过机床的支承部件而最后传结地基。所以，地基的质量直接关系到机床的加工精度、运动平稳性、机床的变形、磨损以及机床的使用寿命。因此，机床在安装之前，首要的工作是打好基础。

地基基础直接影响机床设备的床身、立柱等基础件的几何精度，精度的保持性以及机床的技术寿命等。因此设备的基础必须具有足够的强度和刚度，避免自己的振动和不受其他振动和影响（即与周围的振动绝缘）；具有稳定性和耐久性，防止油水侵蚀，保证机床基础局部不下沉；机床的基础在安装前要进行预压。

2．对地基质量的要求

地基的质量是指它的强度、弹性自刚度的符合性，其中强度是较主要的因素。它与地基的结构及基础埋藏深度有关。若强度较差，会引起地基发生局部下沉，将对机床的工作精度有较大影响。所以，一般地质强度要求以 5t/m² 以上为标准。如有不足，需用打桩等方法来加强。刚度、弹性也会通过机床间接地影响刚性工件的加工精度。

3．对基础材料的要求

对于 10t 以上的大型设备基础的建造材料，从节约费用的角度出发，在混凝土中允许加入质量分数为 20% 的 200 号块石。在高精度机床安装过程中，由于地基振动成了影响其精度的主要因素之一，所以必须安装在单独的块型混凝土基础上，并尽可能在四周设防振槽，一般防振层需均匀填充粗砂或掺杂以一定数量的炉渣。

4．对基础的结构要求

虽然基础越厚越好，但考虑到经济效果，基础厚度以能满足防振荡和基础体变形的要求为原则。大型机床基础厚度一般在 1000～2500 mm 之间。12 t 以上大型机床在基础表面 30～40 mm 深处配置直径为 $\Phi 6$～$\Phi 8$mm 的钢筋网。特长的基础其底部也需配置钢筋网，方格间距为 100～150 mm（见图 3-98）。

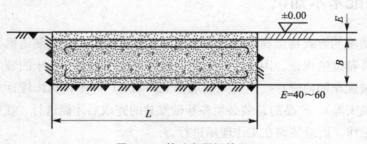

图 3-98　基础布置钢筋网

长导轨机床的地基结构，一般应沿着长度方向做成中间厚两头薄的形状．以适应机床重量的分布情况，对于像高精度龙门导轨磨床类的大型、精密机床，基础下层还应填以 0.5m 细砂和卵石掺少量水泥，作为弹性缓冲层。

5. 对基础荷重及周围重物的要求

大型机床的基础周围经常放置或运走大型工件及毛坯之类的重物，必然使基础受到局部影响而变形，引起机床精度的变化。为了解决这一问题，在进行基础结构设计时应考虑基础或多或少受到这些因素的影响。另外，新浇铸的基础结构设计时，混凝土强度变化大，性能不稳定，所以施工后一个月内最好不要安装机床。在安装后一年内，至少要每月调整一次精度。

6. 对基础抗振性的要求

机床的固有频率通常在 20~25 Hz 之间，振幅在 0.2~1 μm 的范围内。在车间里，由于天车通过时会通过梁柱这个振源影响到机床，所以，精密机床应远离梁柱或采取隔振措施。对于高精度的机床，更需采用防振地基，以防止外界振源对机床加工精度的影响。

（二）机床安装基础

1. 机床基础基本要求

机床地基一般分为混凝土地坪式（即车间水泥地面）和单独块状式两大类。单独块状式地基如图 3-99 所示。

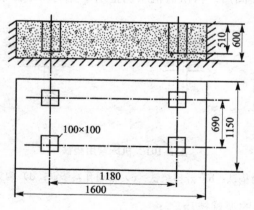

图 3-99 单独块状式地基

单独块状式地基的平面尺寸应比机床底座的轮廓尺寸大一些。地基的厚度决定于车间土壤的性质，但最小厚度应保证能把地脚螺栓固结。一般可在机床说明书中查得地基尺寸。用混凝土浇灌机床地基时，常留出地脚螺栓的安装孔（根据机床说明书中查得的地基尺寸确定），待将机床装到地基上并初步找好水平后，再浇灌地脚螺栓。常用的地脚螺栓形式如图 3-100 所示。

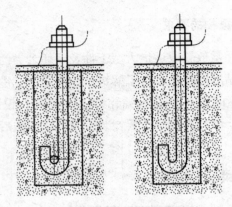

图 3-100　常用的地脚螺栓形式

2．机床在基础上的安装方法

机床基础的安装通常有两种方法：一种是在混凝土地坪上直接安装机床，并用图 3-101 所示的机床，常用垫铁形式调整垫铁调整水平后，在床脚周围浇灌混凝土固定机床。这种方法适用于小型和振动轻微的机床。另一种是用地脚螺栓将机床固定在块状式地基上，这是一种常用的方法。安装机床时，先将机床吊放在已凝固的地基上，然后在地基的螺栓孔内装上地脚螺栓并用螺母将其连接在床脚上。待机床用调整垫铁调整水平后，用混凝土浇灌进地基方孔。混凝土凝固后，再次对机床调整水平并均匀地拧紧地脚螺栓。

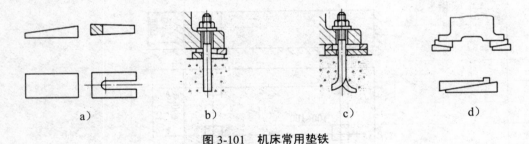

图 3-101　机床常用垫铁

a）斜垫铁；b）开口垫铁；c）带通孔斜垫铁；d）钩头垫铁

（1）对于整体安装的调试技巧。

① 机床用多组楔铁支承在预先做好的混凝土地基上。

② 将水平仪放在机床的工作台面上，调整楔铁，要求每个支承点的压力一致，使纵向水平和横向水平都达到粗调要求 0.03/1000～0.04/1000 mm。

③ 粗调完毕后，用混凝土在地脚螺孔处固定地脚螺钉。

④ 待充分干涸后，再进行精调水平，并均匀紧固地脚螺帽。

（2）对于分体安装的调试技巧，还应注意以下几点。

① 零部件之间、机构之间的相互位置要正确。

② 在安装过程中，要重视清洁工作，不按工艺要求安装不可能安装出合格的机床。

③ 调试工作是调节零件或机构的相互位置、配合间隙、松紧等，目的是使机构或机器工作协调。如轴承间隙、镶条位置的调整等。

二、机床安装调试准备工作

机床的安装与调试是使机床恢复和达到出厂时的各项性能指标的重要环节。由于机床设备价格昂贵，其安装与调试工作也比较复杂，一般要请供货方的服务人员来进行。作为用户，要做的主要是安装调试的准备工作、配合工作及组织工作。

（一）安装调试的准备工作

安装调试的准备工作主要有以下几个方面。

（1）厂房设施，必要的环境条件。

（2）地基准备：按照地基图打好地基，并预埋好电管线。

（3）工具仪器准备：起吊设备、安装调试中所用工具、机床检验工具和仪器。

（4）辅助材料：如煤油、机油、清洗剂、棉纱棉布等。

（5）将机床运输到安装现场，但不要拆箱。拆箱工作一般要等供方服务人员到场。如果有必要提前开箱，一要征得供方同意，二要请商检局派员到场，以免出现问题发生争执。

（二）机床安装调试前的基本要求

（1）研究和熟悉机床装配图及其技术条件，了解机床的结构、零部件的作用以及相互的连接关系。

（2）确定安装的方法、顺序和准备所需要的工具、量具（水平仪、垫板和百分表等）。

（3）对安装零件进行清理和清洗，去掉零部件的防锈油及其他脏物。

（4）对有些零部件还需要进行刮削等修配工作、平衡（消除零件因偏重而引起的振动）以及密封零件的水（油）压试验等。

三、机床安装调试的配合与组织工作

（一）机床安装的组织形式

1. 单件生产及其装配组织

单个地制造不同结构的产品，并且很少重复，甚至完全不重复，这种生产方式称为单件生产。单件生产的装配工作多在固定的地点，由一个工人或一组工人，从开始到结束把产品的装配工作进行到底。这种组织形式的装配周期长、占地面积大，需要大量的工具和装备，并要求工人有全面的技能。在产品结构不十分复杂的小批量生产中，也有采用这种组织形式的。

2．成批生产及其装配组织

每隔一定时期后将成批地制造相同的产品，这种生产方式称为成批生产。成批生产时的装配工作通常分成部件装配和总装配，每个部件由一个或一组工人来完成，然后进行总装配。其装配工作常采用移动方式进行。如果零件预先经过选择分组，则零件可采用部分互换的装配。因此有条件组织流水线生产，这种组织形式的装配效率较高。

3．大量生产及其装配组织

产品的制造数量很庞大，每个工作点经常重复地完成某一工序，并具有严格的节奏性，这种生产方式称为大量生产。在大量生产中，把产品的装配过程首先划分为主要部件、主要组件，并在此基础上再进一步划分为部件、组件的装配，使每一道工序只由一个工人来完成。在这样的组织下，只有从事装配工作的全体工人，都按顺序完成了他所担负的装配工序以后，才能装配出产品。工作对象（部件或组件）在装配过程中，有顺序地由一个工人转移给另一个工人，这种转移可以是装配对象的移动，也可以由工人移动，通常把这种装配组织形式叫做流水装配法。

为了保证装配工作的连续性，在装配线所有工作位置上，完成工序的时间都应相等或互成倍数。在流动装配时，可以利用传送带、滚道或在轨道上行走的小车来运送装配对象。在大量生产中，由于广泛采用互换性原则并使装配工作工序化，因而装配质量好、装配效率高、占地面积小、生产周期短，是一种较先进的装配组织形式。

（二）机床安装调试的配合工作

在机床安装调试期间，要做的配合工作有以下几个方面。

（1）机床的开箱与就位，包括开箱检查、机床就位、清洗防锈等工作。

（2）机床调水平，附加装置组装到位。

（3）接通机床运行所需的电、气、水、油源；电源电压与相序、气水油源的压力和质量要符合要求。这里主要强调两点。一是要进行地线连接，二是要对输入电源电压、频率及相序进行确定。

（三）数控设备安装调试的特殊要求

数控设备一般都要进行地线连接。地线要采用一点接地型，即辐射式接地法。这种接地法要求将数控柜中的信号地、强电地、机床地等直接连接到公共接地点上，而不是相互串接连接在公共接地点上。并且，数控柜与强电柜之间应有足够粗的保护接地电缆。而总的公共接地点必须与大地接触良好，一般要求接地电阻小于 4～7Ω。对于输入电源电压、频率及相序的确认，有如下几个方面的要求。

（1）检查确认变压器的容量是否满足控制单元和伺服系统的电能消耗。

（2）电源电压波动范围是否在数控系统的允许范围之内。一般日本的数控系统允许在电压额定值的 110%～85%的范围内波动，而欧美的一系列数控系统要求较高一些。否则，需要外加交流稳压器。

（3）对于采用晶闸管控制元件的速度控制单元的供电电源，一定要检查相序。在相序不对的情况下接通电源，可能使速度控制单元的输入熔体烧断。相序的检查方法有两种：一种是用相序表测量，当相序接法正确时，相序表按顺时针方向旋转；另一种是用双线示波器来观察二相之间的波形，二相波形在相位上相差 120。

（4）检查各油箱油位，需要时给油箱加油。

（5）机床通电并试运转。机床通电操作可以是一次各部件全面供电或各部件供电，然后再作总供电试验。分别供电比较安全，但时间较长。检查安全装置是否起作用，能否正常工作，能否达到额定指标。例如启动液压系统时先判断液压泵电动机转动方向是否正确，液压泵工作后管路中是否形成油压，各液压元件是否正常工作，有无异常噪声。各接头有无渗漏，气压系统的气压是否达到规定范围值等。

（6）机床精度检验、试件加工检验。

（7）机床与数控系统功能检查。

（8）现场培训：包括操作、编程与维修培训，保养维修知识介绍，机床附件、工具、仪器的使用方法等。

（9）办理机床交接手续：若存在问题，但不属于质量、功能、精度等重大问题，可签署机床接收手续，并同时签署机床安装调试备忘录，限期解决遗留问题。

（四）机床安装调试的组织工作

在机床安装调试过程中，作为用户要做好安装调试的组织工作。安装调试现场均要有专人负责，赋予现场处理问题的权力，做到一般问题不请示即可现场解决，重大问题经请示研究要尽快答复。安装调试期间，是用户操作与维修人员学习的好机会。要很好地组织有关人员参加，并及时提出问题，请供方服务人员回答解决。对待供方服务人员，应该是原则问题不让步，但平时要热情，接待要周到。

四、卧式机床典型结构及传动系统

（一）卧式车床主要部分的名称和用途

卧式车床的万能性大，车削加工的范围较广，就其基本内容来说，有车外圆、车端面、切断和切槽、钻孔、车孔、铰孔、车螺纹、车圆锥面、车成形面、滚花和盘绕弹簧等。它们的共同特点是都带有回转表面。一般来说，机器中带回转表面的零件所占的比例是很大的，如各种轴类、套类、盘类零件。在车床上如果装上一些附件和夹具。还可进行镗削、研磨、抛光等。因此，车削加工在机器制造业中应用得非常普遍，因而它的地位也显得十分重要。

（二）车床主要组成部分的名称及其作用

图 3-102 所示为 CA6140 型卧式车床的外形图，它的主要组成部分如下：

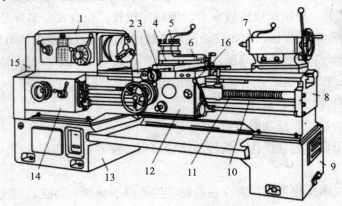

图 3-102　CA6140 型卧式车床的外形

1-主轴箱；2-床鞍；3-中滑板；4-转盘；5-四方刀架；6-小滑板；
7-尾座；8-床身；9-右床脚；10-光杠；11-丝杠；12-溜板箱；
13-左床脚；14-进给箱；15-交换齿轮架；16-操纵手柄

1．主轴部分

主轴部分固定在床身的左上部，其主要功能是支承主轴部件，通过卡盘夹持工件并带动按规定的转速旋转，以实现主运动。主轴箱内有多组齿轮变速机构、变换箱外手柄的位置，使主轴可以得到各种不同的转速。

2．交换齿轮箱部分

交换齿轮箱部分的主要作用是把主轴的旋转运动传送给进给箱。变换箱内齿轮并和进给箱及长丝杠配合，可以车削各种不同螺距的螺纹。

3．进给部分

进给部分固定在床身的左前侧，是进给传动系统的变速机构。其主要功用是改变加工螺纹的螺距或机动进给的进给量。

（1）进给箱。利用进给箱内部的齿轮传动机构，可以把主轴传递的动力传给光杠或丝杠，变换箱外手柄的位置，可以使光杠或丝杠得到各种不同的转速。

（2）丝杠。丝杠用来车削螺纹。

（3）光杠。光杠用来传递动力，带动床鞍、中滑板，使车刀作纵向或横向的进给运动。

4．溜板部分

溜板部分由床鞍 2、中滑板 3、转盘 4、小滑板 6 和四方刀架 5 等组成。其主要功能是安装车刀，并使车刀作进给运动和辅助运动。床鞍 2 可以沿床身上的导轨作纵向移动，中滑板 3 可沿床鞍上的燕尾形导轨作横向移动，转盘 4 可以使小滑板和方刀架转动一定角度。用手摇动小滑板使刀架作斜向运动，以车削锥度大的圆锥体。

（1）溜板箱。它固定在床鞍 2 的底部，与滑板部件合称溜板部件，可带动刀架一起运动。

（2）刀架。用来装夹车刀。

5．尾座

尾座装在床身的尾座导轨上，可沿此导轨作纵向调整移动并夹紧在所需要的位置上，其主要功能是装夹后顶尖支承工件。尾座还可相对底座作横向位置的调整，便于车削小锥度的长锥体。尾座套筒内也可安装钻头、铰刀等加工刀具。

6．床身

床身固定在左、右机床脚上，是构成整个机床的基础。在床身上支持和安装车床各部件，并使它们在工作时保持准确的相对位置。床身上有两条精确的导轨，床鞍和尾座可沿导轨移动。床身也是车床的基本支承件。

7．附件

车床附件还有中心架和跟刀架，车削较长工件时起支承作用；照明系统和冷却系统起照明和冷却作用。

五、卧式车床传动链及传动路线

（一）传动链

图 3-103 所示为卧式车床的传动路线方框图。从电动机到主轴，或由主轴到刀架的传动联系，称为传动链。前者称为主运动传动链，后者称为进结运动传动链。机床所有传动链的综合，便组成了整合机床的传动系统，并用传动系统图表示。

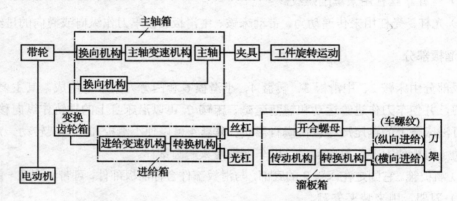

图 3-103 卧式车床传动路线方框图

（二）传动系统

用来表示机床各个传动链的综合简图，称为机床的传动系统图。各传动元件在图中用一些简单的符号，按照运动传递的先后顺序，以展开图的形式绘出。传动系统图只能表达传动关系，不能代表各元件的实际尺寸和空间位置，但它是分析机床内部传动规律和基本结构的有效工具。在阅读传动系统图时，首先要注意平面展开图的特点。为了把一个主体的传动结构绘在平面图上，有时不得不把某一根轴绘制成折断线或弯曲成一定角度的折线，有时对于在展开后失去联系的传动副（如齿轮副），就用括号（或假想线）连接起来，以表示其传动联系。

分析传动系统图的方法和步骤如下。

第一步，进行运动分析，找出每个传动链两端的首件和末件（动力的输入端和输出端）。

第二步，"连中间"，了解系统中各传动轴和传动件的传动关系，明确传动路线。

第三步，对该系统进行速度分析，列出传动结构式及运动平衡方程式。

（三）传动路线

车床为把电动机的旋转运动转化为工件的旋转运动和车刀的直线往复运动，所通过的一系列的传动机构称为车床的传动路线。CA6140 型卧式车床传动系统为例，其传动路线是电动机驱动 V 带轮，把运动输入到主轴箱。通过变速机构变速，使主轴获得不同的转速，再经卡盘（或夹具）带动工件做旋转运动。主轴把旋转运动输入到交换齿轮箱，再通过进给变速箱变速后由丝杠或光扛驱动溜板箱和刀架部分，很方便地实现手动、机动、快速移动及车螺纹等运动。

项目四

综合技能与检测

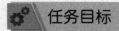

任务目标

【知识目标】

（1）了解钳工基本知识在生产实践中的实际意义和具体应用。

（2）了解并熟悉钳工加工的工艺方法与基本步骤。

（3）进一步巩固安全文明生产知识。

【技能目标】

（1）巩固划线、锯削、锉削、钻孔、攻丝、套丝以及精度测量等钳工基本技能。

（2）培养综合运用钳工基本技能解决生产实际问题的能力，能达到图纸的各项技术要求。

（3）培养吃苦耐劳、勤俭节约、严谨认真、爱岗敬业的意志品质。

任务一　锉配

一、任务内容

识读如图 4-1 所示的锉配工件图。根据图样要求，加工凸端至图纸要求的各项精度，初步加工凹端，沿锯缝锯断，分隔成凸件和凹件；再以凸件为样板，锉配凹件，使凸端和凹端形成配合（图 4-2），且各配合面的间隙不大于 0.1 mm。转位配合后各配合面间隙也不大于 0.1 mm。

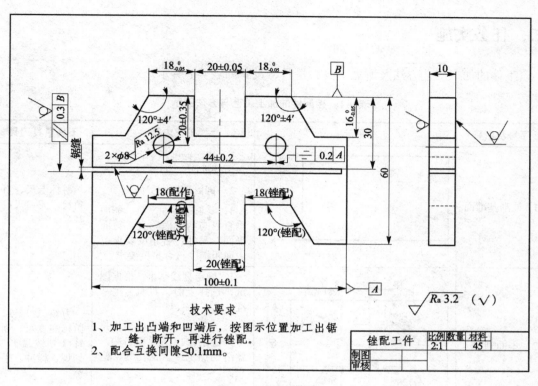

技术要求

1、加工出凸端和凹端后，按图示位置加工出锯
　缝，断开，再进行锉配。
2、配合互换间隙≤0.1mm。

图 4-1　锉配工件图

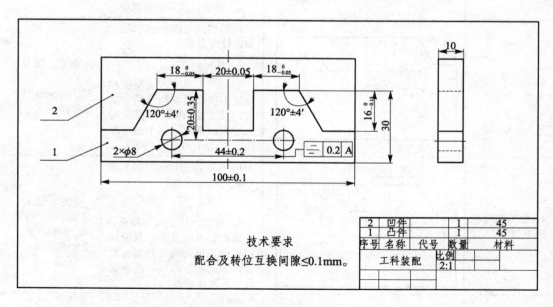

技术要求

配合及转位互换间隙≤0.1mm。

图 4-2　凸件和凹件装配图

二、任务实施

工件的加工工艺方法及所需工具、量具、设备如表 4-1 所示。

表 4-1　锉配件的加工工艺与方法图示

序号及名称	图示	工艺内容	工具量具刃具
1. 锉削基准面	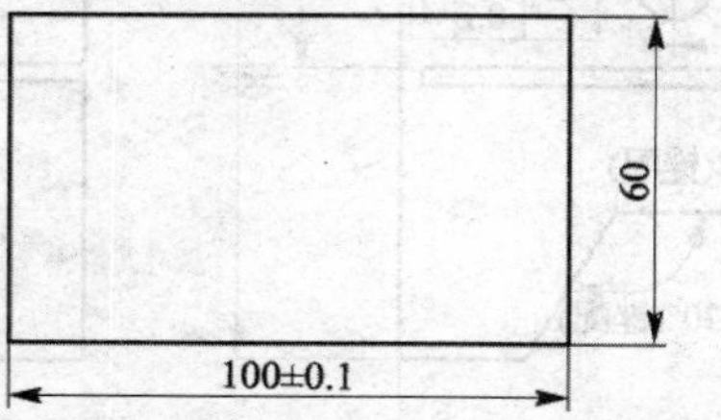	1. 依次锉削相邻两侧面，作为基准面 2. 再依次锉削另两侧面 3. 要求：各面平直、邻面垂直且与两大而垂直、对面平面，尺寸符合精度要求、表面粗糙度符合精度要求	游标卡尺、直角尺、刀口尺、塞尺、锉刀
2. 平面划线	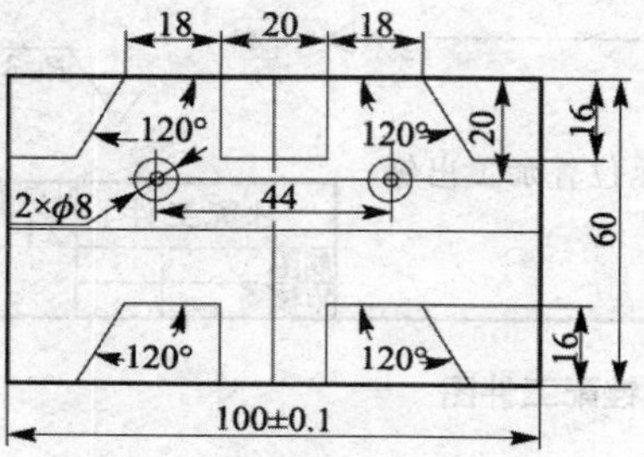	1. 确定划线基准：根据图纸，选择上面、右面为主基准 2. 平面划线：根据图样尺寸，分别划出凸端和凹端、锯缝的加工线，钻孔圆、检查圆。 3. 打样冲眼 4. 要求：线条清晰准确	方箱、V 形铁、游标高度尺、划针（划线盘）、划规、样冲、手锤
3. 加工凸端左上角	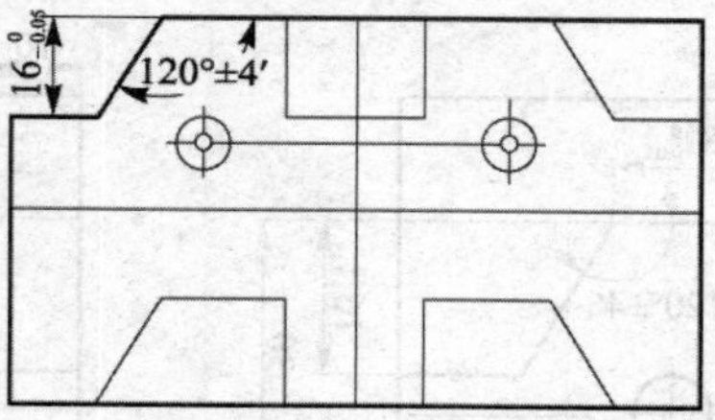	1. 沿线的上侧、外侧锯削，预留锉削余量 2. 锉削两面 3. 要求：达到尺寸精度和角度精度、表面粗糙度的要求，且所锉削两面平直，与工件大面垂直，水平面与左侧面垂直	钢锯、锉刀、刀口尺、直角尺、游标卡尺、角度游标尺
4. 加工凸端中间方槽	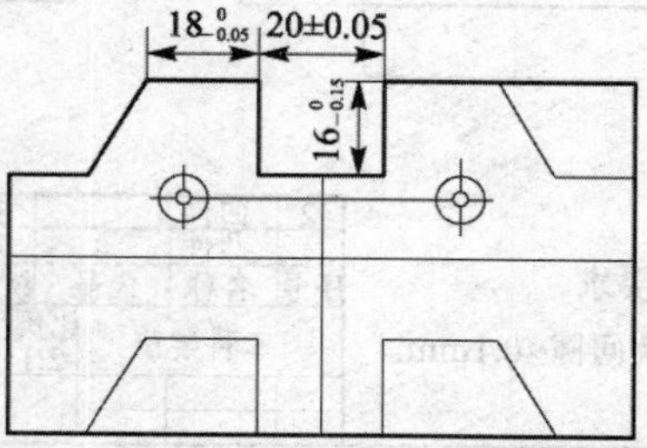	1. 沿线内侧锯削切除大部分余料，预留锉削余量 2. 锉削三面 3. 要求：达到尺寸精度、表面粗糙度的要求，且所锉削各面平直，与工件大面垂直，邻面相互垂直，两侧面与上基准面垂直	钢锯、锉刀、刀口尺、直角尺、游标卡尺、角度游标尺

续表

序号及名称	图示	工艺内容	工具量具刃具
5. 加工凸端右上角	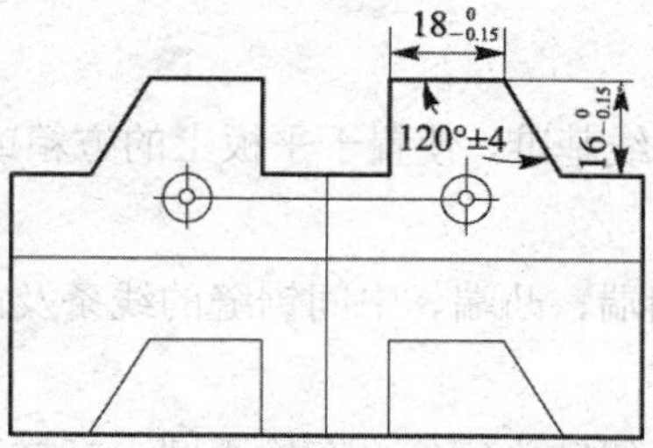 $18_{-0.15}^{0}$ $120°±4$ $16_{-0.15}^{0}$	1. 沿线的上侧、外侧锯削，预留锉削余量 2. 锉削两面 3. 要求：达到尺寸精度和角度精度、表面粗糙度的要求，且所锉削两面平直，与工件大面垂直，水平面与右侧面垂直	钢锯、锉刀、刀口尺、直角尺、游标卡尺、角度游标尺
6. 切除凹端多余材料	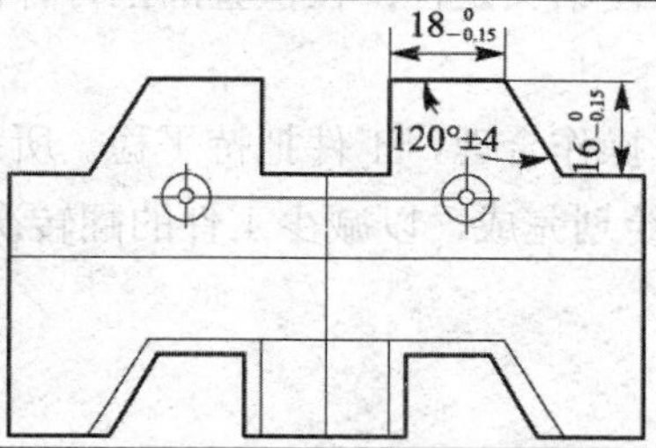 $18_{-0.15}^{0}$ $120°±4$ $16_{-0.15}^{0}$	1. 沿线外侧锯削、錾削，去除大部多余材料，初步加工出两槽 2. 要求：各面预留足够的锉削余量	锉刀、刀口尺、游标卡尺、游标高度尺
7. 锯削分离	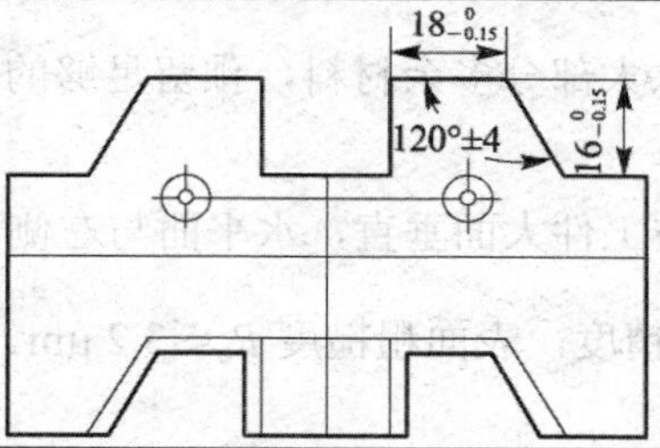 $18_{-0.15}^{0}$ $120°±4$ $16_{-0.15}^{0}$	1. 沿线锯削，分离凸件和凹件 2. 要求：锯面平直，达到图纸要求的平行度公差	锉刀、刀口尺、游标卡尺
8. 锉配凹端	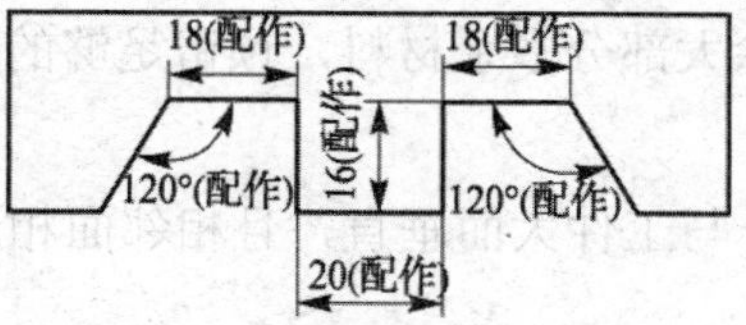 18(配作) 18(配作) 120°(配作) 120°(配作) 16(配作) 20(配作)	1. 以凸件为样板，锉配凹件两槽的三个侧面 2. 要求：各面平直，凸件和凹件各对配合面间的间隙不大于 0.1 mm，且转位 180° 后也符合要求	台钻、机用平口钳、φ 10 钻头、φ 8.8 钻头
9. 钻孔	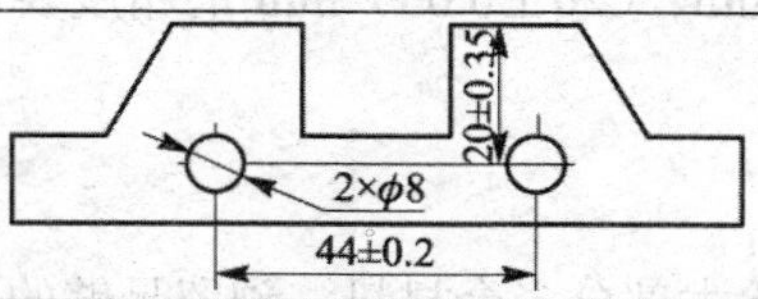 $20±0.35$ $2×\varphi8$ $44±0.2$	1. 用 φ 8mm 的钻头钻孔 2. 要求：尺寸达到精度要求，孔轴线与工件大面垂直	台虎钳、钳口垫块、丝锥、铰杠、螺纹规

1. 下料

检查毛坯，按 101 mm×61 mm×10 mm 的尺寸下料。

2. 锉削基准面

① 锉削基准面：先依次锉削出相邻两侧面作为基准面。

② 再依次锉削出另两侧面。

③ 精度要求：达到尺寸精度（100±0.1）mm ；各面平直、对面平行、邻面垂直，且四个侧面与工件大面垂直，锉痕均匀整洁，表面粗糙度 $R_a \leqslant 3.2$ μm。

3．平面划线

① 选择划线基准：以平板表面为水平划线基准，使置于平板上的方箱或 V 形铁上与平板表面垂直的面为竖直方向的划线基准。

② 划线：依据锉配工件图，分别绘划凹端、凸端、中间锯缝的线条及凸端两孔的钻孔圆、检查圆。

③ 打样冲眼：在钻孔中心打样冲眼，以便钻头定位；在检查圆上打样冲眼；在需要切除材料的边界线上打样冲眼。

④ 精度要求：划线基准选择合理，找正操作合理，工件把持平稳，所划线条清晰、准确，同方向上的尺寸确定的线条尽可能一次绘划完成，以减少工件的翻转次数。

4．制作凸端

（1）左上角加工。

① 沿线条上侧、外侧（留线）锯削切除大部分多余材料，预留足够的锉削余量。

② 粗、精锉两锯削面。

③ 精度要求：所锉削两面分别平直，与工件大面垂直，水平面与左侧面垂直，达到尺寸 $16_{-0.15}^{0}$ mm 的精度要求和角度 $120° \pm 4'$ 的精度，表面粗糙度 $R_a \leqslant 3.2$ μm。

（2）中间方槽加工。

① 沿线条内侧（留线）锯削、錾削切除大部分多余材料，预留足够的锉削余量。

② 粗锉、精锉方槽的三个侧面。

③ 精度要求：所锉削的三面分别平直，与工件大面垂直，且相邻面相互垂直、两侧面与上表面垂直，达到尺寸 $16_{-0.15}^{0}$ mm、$18_{-0.15}^{0}$ mm、（20±0.05）mm 的精度要求，表面粗糙度 $R_a \leqslant 3.2$ μm。

（3）右上角加工。

① 沿线条上侧、外侧（留线）锯削切除大部分多余材料，预留足够的锉削余量。

② 粗、精锉两锯削面。

③ 精度要求：所锉削两面分别平直，与工件大面垂直，水平面与左侧面垂直，达到尺寸 $16_{-0.15}^{0}$ mm、$18_{-0.15}^{0}$ mm 的精度要求和角度 $120° \pm 4'$ 的精度要求，表面粗糙度 $R_a \leqslant 3.2$ μm。

5．制作凹端

（1）用锯削、錾削等方法切除大部多余材料，初步制作出凹端的两槽。

（2）锯削分离出凸件和凹件：沿锯中间线条锯断，要求锯面平直，与基准面的平行度公差不大于 0.3 mm。

6．锉配

（1）以凸件为样板，锉配凹件两槽的三个侧面。

（2）要求：各面平直，凸件和凹件每对配合面间的间隙不大于 0.1 mm，且转位 180°后也符合要求。

三、检测与评价

工件制作完成后，在大面适当位置用钢字码打号，作为标识。再根据图样要求对其尺寸误差、几何误差、表面粗糙度、配合质量进行检测。根据检测结果，以及加工过程中的安全文明规范、安全操作技能等表现进行考核。锉配考核项目及参考评分标准见表 4-2。

表 4-2　锉配考核项目及参考评分标准

专业班级		姓名		工件编号		总得分	
考核项次	考核内容		考核要求	参考分值	检测结果	扣分	得分
1	凹凸部配合间隙		≤0.1（9 面）	27			
2	尺寸精度		16±0.05	9			
3	尺寸精度		$18_{-0.05}^{0}$	6			
4	尺寸精度		20±0.05	4			
5	尺寸精度		100±0.1	6			
6	尺寸精度		20±0.35	6			
7	尺寸精度		120°±4'	6			
8	φ 4 孔精度		44±0.2	4			
			对称度	4			
9	锯缝		位置正确　锯面平直	5			
10	表面粗糙度及锉削纹理		R_a3.2（锉削及配合面 26 处）	13			
11	安全及文明生产		1．着装规范 2．刀具、工具、量具摆放整齐 3．正确使用量具 4．卫生、设备保养到位	10			

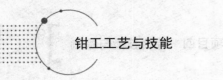

四、任务拓展

1. 拓展任务（一）

（1）任务内容。

识读如图 4-3 所示的锉配工件图。根据图样要求，加工凸端至图纸要求的各项精度，初步加工凹端，沿锯缝锯断，分隔成凸件和凹件；再以凸件为样板，锉配凹件，使凸端和凹端形成配合，且各配合面的配合间隙不大于 0.1 mm。转位配合后各配合面的间隙也不大于 0.1 mm。

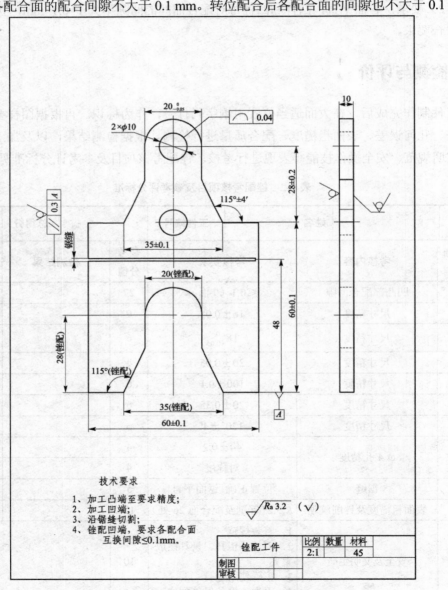

图 4-3　拓展任务（一）锉配工件图

（2）检测与评价。

考核项目及参考评分标准见表 4-3。

表 4-3　拓展任务（一）考核项目及参考评分标准

专业班级		姓名		工件编号		总得分		
考核项次	考核内容		考核要求	参考分值	检测结果		扣分	得分
1	凹凸部配合间隙		≤0.1（7 面）	28				
2	尺寸精度		35±0.1	8				
3	尺寸精度		$20_{-0.05}^{0}$	8				
4	尺寸精度		28±0.2	6				
5	尺寸精度		60±0.1	6				
6	尺寸精度		115°±0.4'	6				
7	$R10$ 圆弧几何公差		线轮廓度	5				
8	锯缝		位置正确 锯面平直	5				
9	表面粗糙度及锉削纹理		$R_a3.2$（锉削及配合面 18 处）	18				
10	安全及文明生产		1. 着装规范 2. 刀具、工具、量具摆放整齐 3. 正确使用量具 4. 卫生、设备保养到位	10				

2. 拓展任务（二）

（1）任务内容。

识读如图 4-4 所示的锉配工件图。根据图样要求，加工凸端至图纸要求的各项精度，初步加工凹端，沿锯缝锯断，分隔成凸件和凹件；再以凸件为样板，锉配凹件，使凸端和凹端形成配合，且各配合面的配合间隙不大于 0.1 mm。转位配合后各配合面的间隙也不大于 0.1 mm。

（2）检测与评价。

考核项目及参考评分标准见表 4-4。

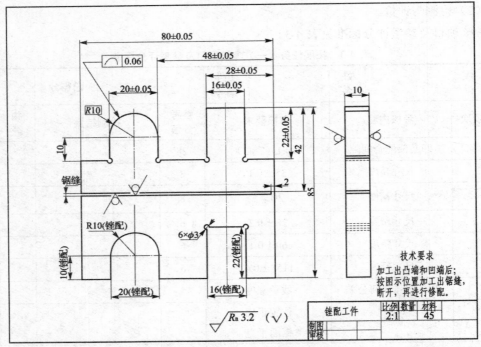

图 4-4　拓展任务（二）锉配工件图

表 4-4　拓展任务（二）考核项目及参考评分标准

专业班级		姓名		工件编号		总得分		
考核项次	考核内容		考核要求		参考分值	检测结果	扣分	得分
1	凹凸配合间隙		≤0.1（9 面）		27			
3	尺寸精度		16±0.05		6			
3	尺寸精度		22±0.05		6			
5	尺寸精度		20±0.05		6			
5	尺寸精度		80±0.05		6			
5	尺寸精度		48±0.05		6			
5	尺寸精度		28±0.05		6			
9	线轮廓度		0.06		6			
10	φ 3孔精度		工艺孔位置正确（6 只）		6			
	锯缝		位置正确 锯面平直		4			
11	表面粗糙度及锉削纹理		R_a3.2（锉削及配合面22处）		11			
12	安全及文明生产		1. 着装规范 2. 刀具、工具、量具摆放整齐 3. 正确使用量具 4. 卫生、设备保养到位		10			

3．拓展任务（三）

（1）任务内容。

识读如图 4-5、图 4-6 所示的锉配工件图，根据图样要求，完成件 1 和件 2 的加工至图样要求的各项精度，并使件 1 与件 2 的凹凸部分及其 60°角部分和各面的配合间隙不大于 0.1 mm。

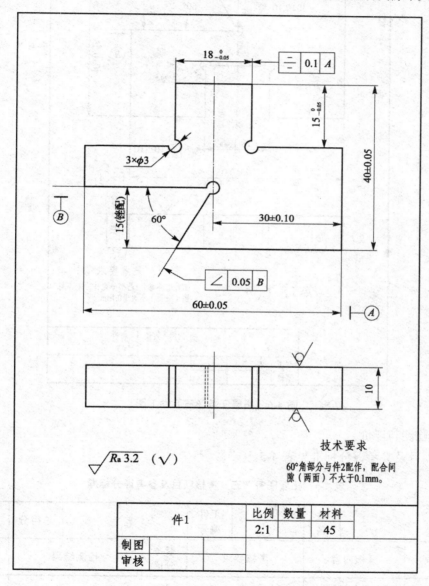

图 4-5　拓展任务（三）件 1 图

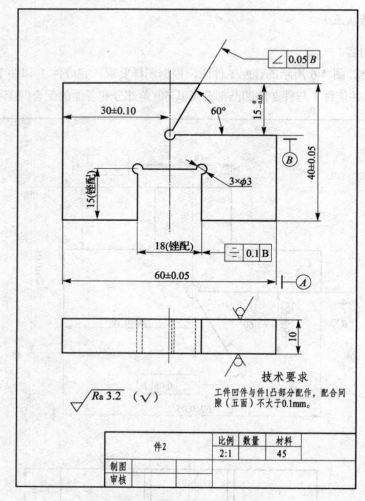

图 4-6 拓展任务（三）件1图

（2）检测与评价。

考核项目及参考评分标准见表 4-5。

表 4-5 拓展任务（三）考核项目及参考评分标准

专业班级		姓名		工件编号			总得分		
考核项次	考核内容		考核要求		参考分值	检测结果		扣分	得分
1	凹凸配合间隙		≤0.1（5 面）		15				
2	60°配合间隙		≤0.1（2 组）		10				
3	尺寸精度		60±0.05（两处）		6				

续表

专业班级		姓名		工件编号			总得分		
考核项次	考核内容		考核要求		参考分值	检测结果		扣分	得分
4	尺寸精度		40 ± 0.05（两处）		6				
5	尺寸精度		$15_{-0.05}^{0}$（两处）		6				
6	尺寸精度		$18_{-0.05}^{0}$		5				
7	尺寸精度		30 ± 0.10（两处）		6				
8	斜度公差		0.05		5				
9	对称度公差		0.1		15				
10	$\varphi3$ 孔精度		工艺孔位置正确（6只）		6				
11	表面粗糙度		$R_a3.2$（20处）		10				
12	安全及文明生产		1. 着装规范。 2. 刀具、工具、量具的放置。 3. 正确使用量具。 4. 卫生、设备保养。		10				

任务二　手锤制作

一、任务内容

识读图 4-7 和图 4-8 所示锤头和锤柄的零件图。根据图样要求，加工出合格的零件，并通过内、外螺纹将两者装配成图 4-9 所示的手锤。

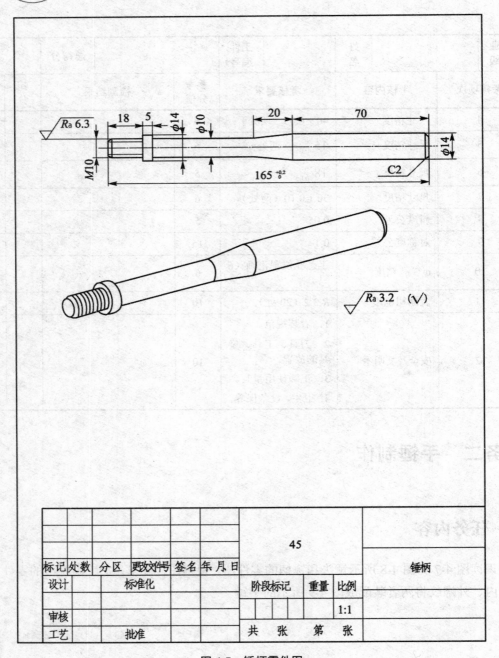

图 4-7 锤柄零件图

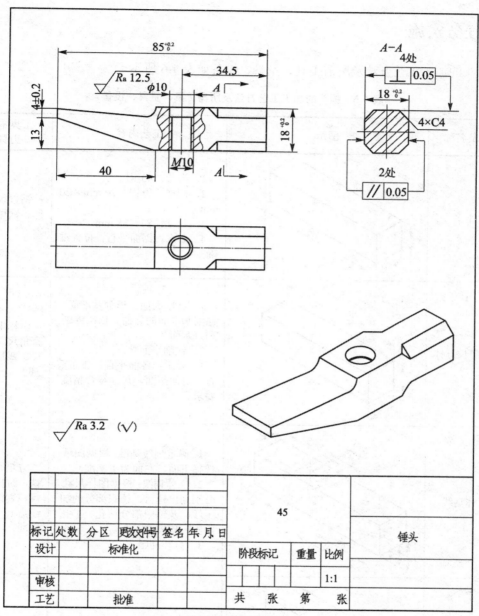

图 4-8 锤头零件图

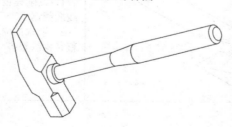

图 4-9 手锤

二、任务实施

锤头的加工工艺方法及所需工具、量具、设备如表 4-6 所示。

表 4-6　锤头的加工工艺方法及所需工具、量具、设备

序号及名称	图示	工艺内容	工具量具刃具
1. 下料	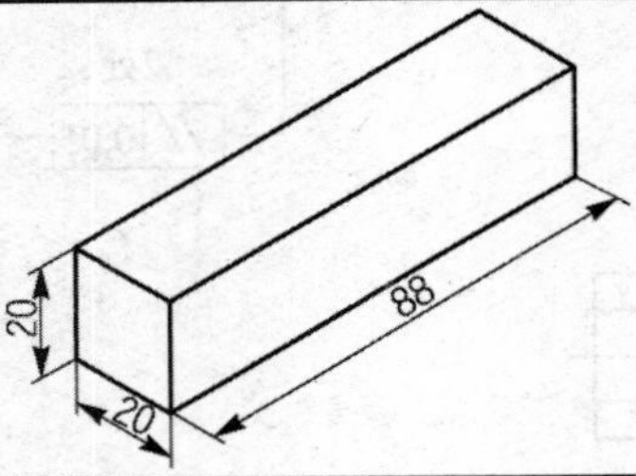	1．牌号：45 钢 2．规格：方钢（20 mm×20 mm） 3．尺寸：87～88 mm 4．要求：锯面平直，位置准确	钢直尺、划针、钢弓、锯条
2. 锉削长方体	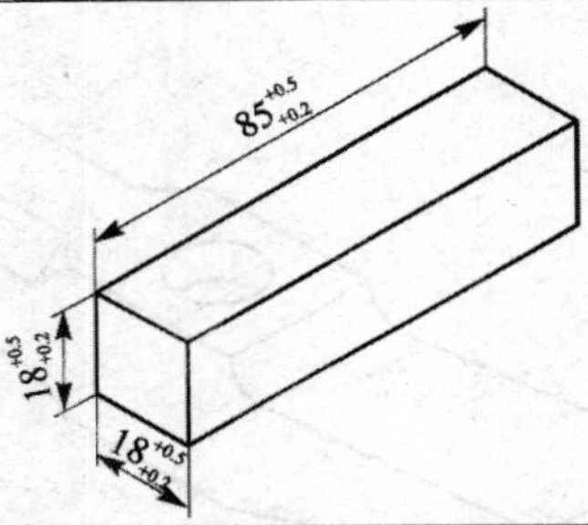	1．锉削大面：锉削基准面、锉削基准面的邻面、依次锉削剩余两面 2．锉削小面 3．要求：各面平直、邻面垂直、对面平面，尺寸符合精度要求。	游标卡尺、直角尺、刀口尺、塞尺、锉刀
3. 立体划线	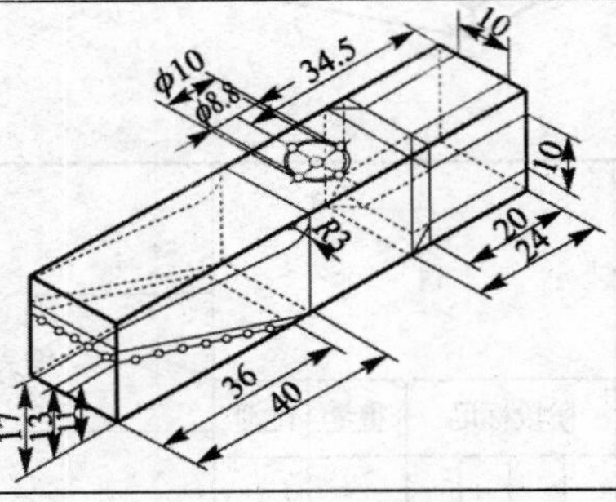	1．确定划线基准：根据图纸，选择下面、左面为主基准 2．立体划线：根据图样尺寸，分别划出锤舌、锤跟部分的加工线，及锤中部分钻孔、扩孔的圆、检查圆。 3．打样冲眼	方箱、V 形铁、游标高度尺、划针（划线盘）、划规、样冲、手锤
4. 锯削	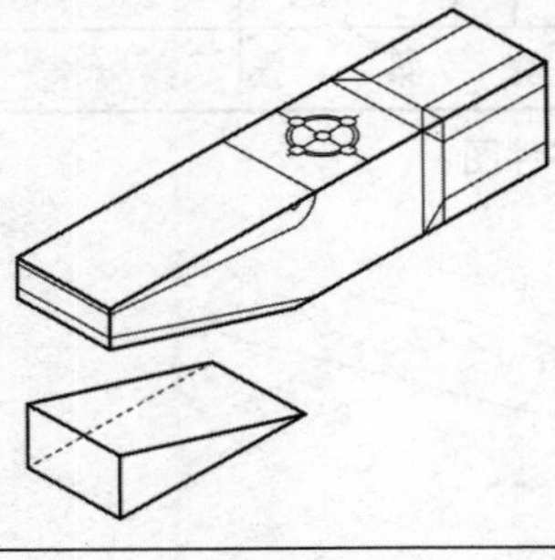	1．锯削锤舌外侧：沿两条斜线之间锯下 2．要求：位置准确、锯面平整、锯纹整齐	钢弓、锯条、台虎钳、钳口板

序号及名称	图示	工艺内容	工具量具刀具
5. 锉削	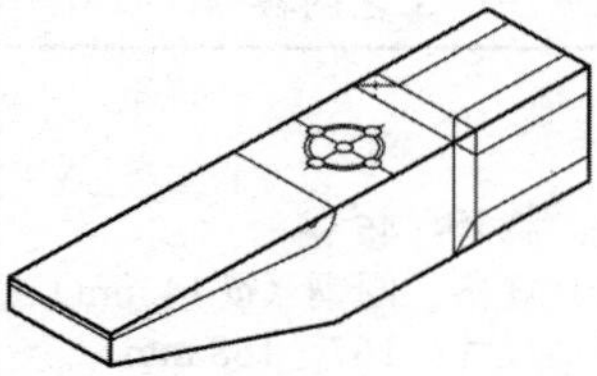	1. 锉削锤舌外侧面 2. 要求：锉面平直、方位准确、锉纹均匀、尺寸精确	锉刀、刀口尺 游标卡尺、
6. 锉削	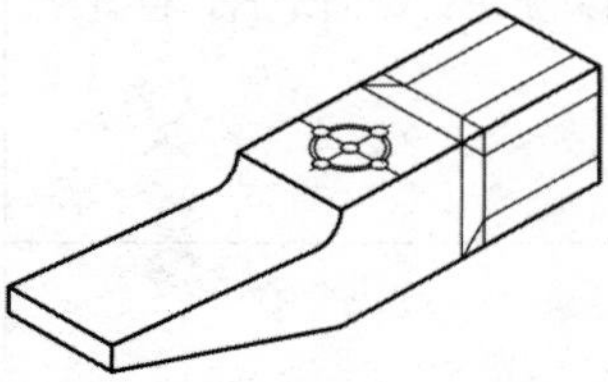	1. 锉削锤舌内侧面：先锉削出圆弧面，再锉削平面 2. 要求：方位准确、两面光滑过渡、尺寸精确	锉刀、刀口尺、游标卡尺、游标高度尺
7. 锉削	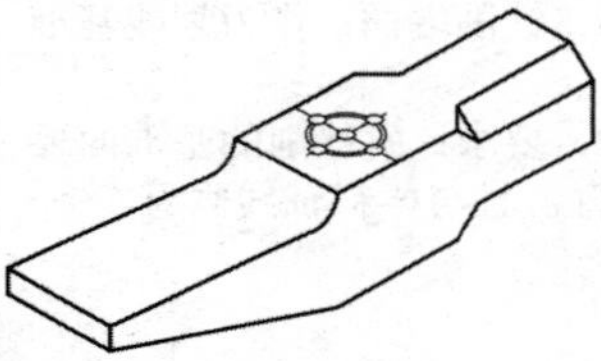	1. 锉削锤跟倒角：依次加工四个倒角面和小三角形面 2. 要求：方位准确、尺寸精确、三角形面与倒角面的交线清晰准确	锉刀、刀口尺、游标卡尺、
8. 钻孔扩孔	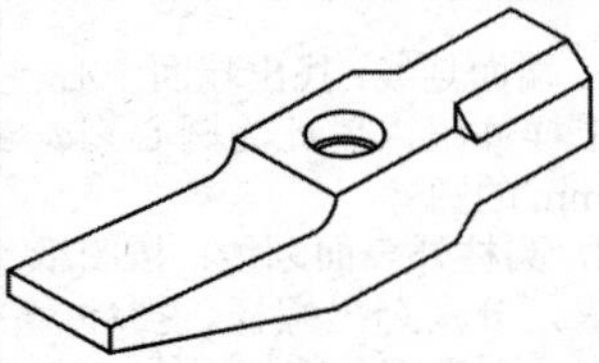	1. 钻孔：在样冲点位置钻削 φ8.8 mm 的通孔 2. 扩孔：沿上表面扩孔，直径 φ10 mm，深度不大于 4 mm 3. 要求：位置准确，孔轴线与上表面保持垂直，大、小孔同轴	台钻、机用平口钳、φ10钻头、φ8.8钻头
9. 攻丝	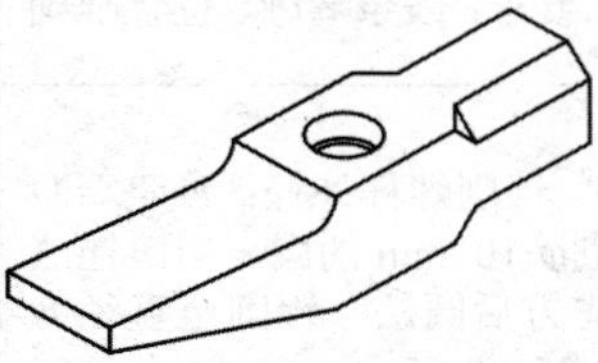	1. 攻丝：用 $M10$ 的丝锥在 φ8.8mm 的通孔内壁攻丝 2. 要求：螺牙齐整、表面光滑、检测合格	台虎钳、钳口垫块、丝锥、铰杠、螺纹规
9. 锉削		1. 整形加工：锉去各面的划痕、压痕、毛刺 2. 要求：使各面形状、位置精度提高、尺寸达到图纸要求精度，表面锉纹方向、深浅一致	细锉刀
10. 锉削		1. 抛光：用抛光锉锉去各平面的锉痕 2. 要求：表面粗糙度达到图纸要求，无明显锉痕	抛光锉

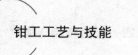

锤柄的加工工艺方法及所需工具、量具、设备如表 4-7 所示。

表 4-7　锤柄的加工工艺方法及所需工具、量具、设备

序号及名称	图示	工艺内容	工具量具刃具
1. 下料	168 Ø14	1. 牌号：45 钢 2. 规格：圆钢（φ 14 mm） 3. 尺寸：167～168 mm 4. 要求：锯面平直，位置准确	钢直尺、划针、钢弓、锯条
2. 锉削	168 Ø14	1. 锉削端面：作为划线基准面 2. 要求：所锉削的基准面要平直，且与棒料轴线垂直。	直角尺、刀口尺、锉刀
3. 立体划线	95 75 Ø10	1. 端面划线：找出端面中心，打上样冲眼，以此为圆心划φ 10 mm 的圆 2. 圆柱外表面划线：按图纸要求，分别划出螺杆、挡环、柄中、圆锥部分的加工线。 3. 要求：线条清晰、位置准确	方箱、V 形铁、游标高度尺、划针（划线盘）、划规、样冲、手锤
4. 锉削	Ø10	1. 锉削螺杆外径：参照端面所划φ 10 mm 的圆，用滚锉法或先方后圆法，锉削至直径为φ 9.75～9.85 mm 2. 要求：尺寸准确、同轴度、圆柱度误差小。	台虎钳、钳口垫块、锉刀、游标卡尺
5. 锉削	Ø10	1. 锉削柄中：参照螺杆部分，用滚锉法或先方后圆法，锉削至直径为φ 10 mm 2. 要求：尺寸准确、同轴度、圆柱度误差小	台虎钳、钳口垫块、锉刀、游标卡尺

序号及名称	图示	工艺内容	工具量具刃具
6. 锉削	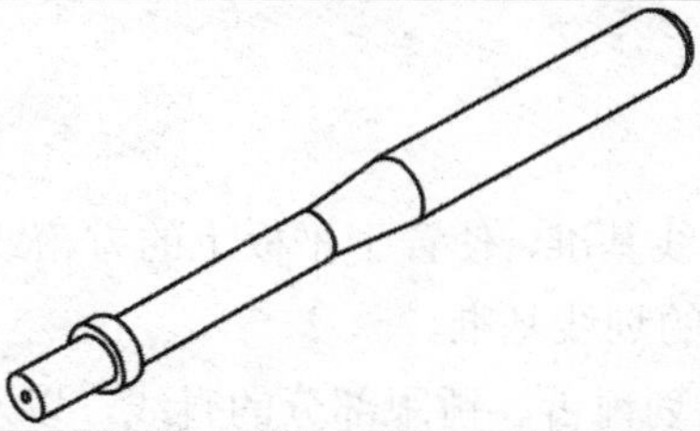	1. 锉削圆锥：用滚锉法或先方后圆法，锉削至小端与螺杆部分光滑过渡 2. 要求：形状误差、同轴度误差小	台虎钳、钳口垫块、锉刀、游标卡尺
7. 锉削	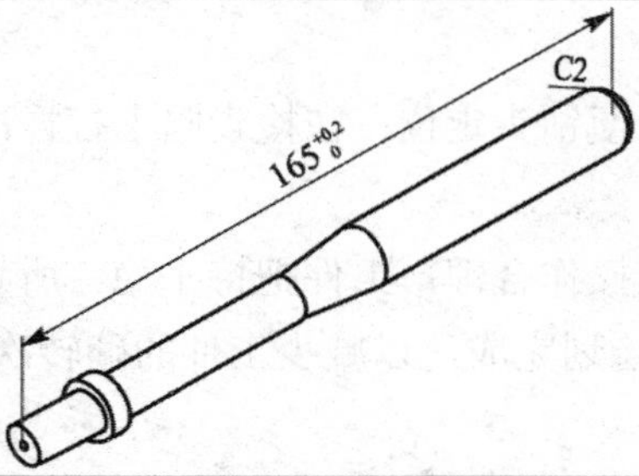 $165^{+0.2}_{0}$　C2	1. 锉削柄把：端面锉平，达到总长度 165 mm 及极限偏差的要求，锉出 C2 的倒角，外圆柱面去锈皮并锉圆 2. 要求：圆柱度误差小，表面光滑、尺寸准确	台虎钳、钳口垫块、锉刀、游标卡尺
8. 套丝	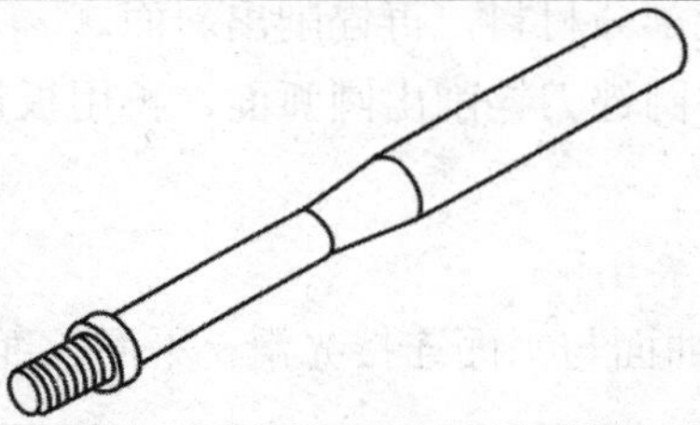	1. 螺杆部分套丝：先在螺杆端面锉出倥角，去毛刺，再用 M10 的板牙套丝 2. 要求：螺牙齐整，检测合格	台虎钳、钳口垫块、锉刀、板牙、板牙架、螺纹规
9. 锉削		1. 抛光：除螺纹部分，将各面打磨光滑 2. 要求：表面粗糙度达到图纸要求	台虎钳、砂布

1. 下料

（1）方钢：20 mm×20 mm×（87～88）mm），制作锤头。按长度尺寸划线，锯断。

（2）圆钢（Φ14 mm×（167～168）mm），用于制作锤柄。按长度尺寸划线，锯断。

2. 制作锤头

（1）锉削长方体。

① 去锈皮：用锉刀边（锉棱）锉去各面的锈层至表面光亮，严禁用锉刀面锉削铁锈，尤其不能用新锉刀锉削铁锈。

② 锉削基准面：将锤头毛坯夹持在虎钳钳口，选择一相对规整的表面使之朝上，用板锉将其锉成水平面，作为锉削其他平面的基准面。

③ 销削基准面的对面。

④ 依次锉削基准面相邻的两个大面。

⑤ 依次锉削两个端面。

⑥ 精度要求：尺寸精度$18_{+0.2}^{+0.5}$ mm×$18_{+0.2}^{+0.5}$ mm×$85_{+0.2}^{+0.5}$ mm；各面平直、对面平行、邻面垂直、锉痕均匀整洁。

（2）立体划线。

① 选择划线基准：以平板表面为水平划线基准，使置于平板上的方箱或 V 形铁上与平板表面垂直的 V 形槽的两个侧面为竖直方向的划线基准。

② 立体划线：依据锤头零件图，分别绘划锤舌、锤跟部分的直线，以及锤中部分的钻孔圆、检查圆。

③ 打样冲眼：在钻孔中心打样冲眼，以便钻头定位；在检查圆上打样冲眼；在需要切除材料的边界线上打样冲眼。

④ 精度要求：划线基准选择合理，找正操作合理，工件把持平稳，所划线条清晰、准确，同方向上的尺寸确定的线条尽可能一次绘划完成，以减少工件的翻转次数。

（3）锤头成型加工。

① 锤舌外侧斜面的加工：先锯销切除大部分材料，再锉削出斜面。

② 锤舌内侧圆弧面及斜面的锉削：先用圆锉刀锉削出圆弧面，再用板锉锉削出斜面。

③ 锉削锤跟与锤中之间的小三角形面。

④ 锉削锤跟部分的倒角面。

⑤ 精度要求：平面、棱线、交线平直，曲面与平面连接光滑，平面、直线的方位准确，尺寸正确，表面锉痕均匀一致。

（4）锤头钻孔及扩孔。

① 工件装夹：用平口钳夹持工件，力度要适宜，起钻表面与钻头轴线要垂直。

② 用φ 8.8 mm 的钻头钻通孔：起钻要慢、轻、准，防止偏斜；中途用力要均匀、速度适中、适时退钻、及时冷却润滑；收钻要慢、轻，防止卡死。

③ 扩孔：动作要轻，控制好深度。

④ 精度要求：位置准确、孔壁光滑、垂直度同轴度误差小。

（5）攻丝。

① 工件夹持：孔口表面处于水平位置，保证起攻时其与丝锥轴线垂直。

② 先用 M10 的头锥攻丝。

起攻：沿丝锥轴线加压，旋入 1～2 圈后，检查垂直度。中途不加压，双手均匀转动，正转 1～2 圈，及时倒转约 1/2 圈，并加机油润滑，攻至丝锥切削部分完全从另一侧伸出。退出丝锥时注意不要掉落。

③ 必要时用二锥进行修整。

④ 精度要求：垂直度误差小，牙体完整，表面光滑，能用同规格的外螺纹轻松旋入，或通过螺纹规的检测。

3．制作锤柄

（1）锉削手柄毛坯的两端面。

① 端面尺寸小，锉削时用力要轻，控制其平面度误差，与轴线的垂直度误差要小。

② 控制长度尺寸：确保总长为 $165^{+0.5}_{+0.2}$ mm。

（2）划线。

① 长度方向划线：以平板表面为水平划线基准，使置于平板上的方箱或 V 形铁上与平板表面垂直的 V 形槽的两个侧面为竖直方向的划线基准，将工件竖直立在平板上，其圆柱面紧靠 V 形槽的两个侧面。利用游标高度尺，依次划出螺杆、挡环、柄中、柄把（锥体部分）、倒角的分界线。

② 螺杆端面划线：找出螺杆端面的中心，打上样冲眼（要适当浅些），划出半径为 $R=5$ mm 的圆作为其外圆柱面的加工边界。

③ 精度要求：划线基准选择正确，找正方法合理，所划线条尺寸正确、位置准确。

（3）手柄成型加工。

① 锉削螺杆部分外圆柱面：用滚锉法或先方后圆法锉削；长度与锤头高度相当（18 mm），直径略 $\geqslant \varphi 10$ mm，套丝时修整到 $\varphi 9.75 \sim 9.85$ mm 之间。

② 锉削柄中部分的外加柱面：用滚锉法或先方后圆法锉削，直径为 $\varphi 10$ mm。

③ 锉削柄把部分的外圆锥面：用滚锉法或先方后圆法锉削，锉削时锉面要倾斜，注意不要碰伤已加工面。

④ 锉削柄把部分的外圆柱面：表面去锈皮，锉削至光亮即可。

⑤ 锉削柄把剖面倒角：锥面要光滑。

⑥ 精度要求：各段尺寸准确，形状误差小，各段之间同轴度误差小，表面锉痕均匀一致。

（3）螺杆部分套丝。

① 检测修整螺杆：外径为 $\varphi 9.75 \sim 9.85$ mm，用游标卡尺沿圆周方向，轴线方向多处检测。端面锐角倒钝，以免起始圈崩牙。

② 工件装夹：在钳口垫上木块后将工件竖直夹持在虎钳上，以免夹伤外圆面。

③ 套螺纹：起套时沿丝锥轴线加压，旋入 1～2 圈后，检查垂直度。中途不加压，双手均匀转动，正转 1～2 圈，及时倒转约 1/2 圈断屑，并加机油润滑。到底时及时停止，以免损坏工具上的紧定螺钉。退出时注意不要掉落。必要时反转板牙重复一次修整牙形。

④ 精度要求：牙体完整，形状误差小，表面光滑，能用同规格的内螺纹轻松旋入，或通过螺纹规的检测。

4．手锤装配

（1）修整螺杆的螺尾，使螺杆部分外螺纹与锤头的螺孔能完全旋合。

（2）修整螺杆侧挡环的端面，使螺杆与螺孔完全旋合后，挡环的端面与锤头对应的表

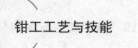

面之间完全无缝贴合。

（3）修整螺杆的外端面，使螺杆与螺孔完全旋合后，螺杆的外端面与锤头外表面平齐。

5．整形加工

① 锤头各面整形：用细锉刀轻锉各平面，使平面度误差进一步减小，长、宽、高三向尺寸达到图纸要求的尺寸精度。用圆锉刀轻锉圆弧面。修整后锉痕浅且均匀、纹理方向一致，为抛光做好准备。

② 锤柄整形：用细锉刀锉削各端面及外圆面，使长度尺寸达到图纸精度要求，各外表面整形后锉痕浅且均匀、圆滑，为抛光做好准备。

6．抛光

（1）工件夹持力度要轻，必要时加软质垫块。

（2）依靠锉刀自重不加压力来回锉削，目的是锉去粗加工形成的表面锉痕，提高表面光洁度。锤柄各外圆面则用类似滚锉法抛光。

7．精度检测

（1）打号操作：工件夹持（牢靠、方向正、加衬垫）；选择正确的字头及数码方向；要求字迹清晰，间距均匀，方向正确。

（2）工件各部位尺寸测量、数据记录、误差计算（误差＝实测值－基本尺寸）。

（3）工件各面平面度、位置度（垂直度）误差检测（用光隙法结合塞尺评定）。

（4）误差来源及分析。

3．质量要求：方法正确、读数准确、分析合理。

三、检测与评价

手锤制作、装配完成后，在锤头表面或锤跟端面用钢字码打号，作为标识。再根据锤头和锤柄的图样要求对其尺寸误差、几何误差、表面粗糙度、装配质量进行检测。根据检测结果，手锤加工过程中的安全文明规范、安全操作技能等进行考核，考核项目及参考评分标准见表4-8。

表4-8　手锤考核项目及参考评分标准

专业班级		姓名		工件编号		总得分	

考核项目		考核内容	考核要求	参考分值	检测结果	扣分	得分
锤头	尺寸误差	锤头宽度	$18^{+0.2}_{0}$ mm	4			
		锤头高度	$18^{-0.2}_{0}$ mm	4			
		锤头长度	$85^{-0.2}_{0}$ mm	4			
		锤舌厚度	4 ± 0.2 mm	4			
		其余尺寸	误差范围 0.2～0.5 mm	5			
	几何误差	平行度误差	0.05 mm（2 处）	4			
		垂直度误差	0.05mm（4 处）	8			
		螺牙形状	无明显烂牙	3			
		其余各面	无明显形状、位置误差	10			
	表面粗糙度	表面粗糙度	R_a=3.2 μm（16 处）	8			
		表面粗糙度	R_a=12.5 μm（2 处）	2			
锤柄	尺寸误差	锤柄总长	$165^{+0.2}_{0}$	4			
		其余各段长度	误差范围 0.2～0.5 mm	5			
		各段直径（除螺杆）	误差范围 0.2～0.5 mm	3			
	几何误差	同轴度误差	各段无明显误差	4			
		螺牙形状	无明显烂牙	3			
	表面粗糙度	表面粗糙度	R_a=3.2 μm（8 处）	4			
		表面粗糙度	R_a=6.3 μm（2 处）	2			
手锤	装配质量	内外螺纹连接	能正常旋合	5			
		手柄的挡环端面与锤头的内表面	两面贴合、无明显缝隙	2			
		手柄的螺杆端面与锤头的外表面	两面平齐	2			
安全文明生产		1. 仪容仪表 2. 安全技能 3. 维护保养 4. 清洁卫生	1. 着装整齐 2. 刀具、工具、量具摆放整齐 3. 正确使用工量具 4. 卫生清洁、设备保养到位	10			

附 录

一、螺纹

附表 1 普通螺纹直径与螺距/mm（摘自 GB/T 193—2003、GB/T 196—2003）

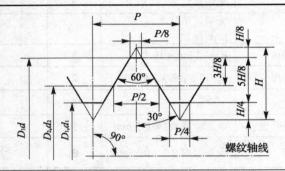

公称直径（D、d）		螺距 P		粗牙螺纹小径
第一系列	第二系列	粗 牙	细 牙	（D_1、d_1）
3		0.5	0.35	2.459
	3.5	(0.6)		2.850
4	—	0.7		3.242
	4.5	(0.75)	0.5	3.688
5	—	0.8		4.134
6		1	0.75、(0.5)	4.917
8	—	1.25	1、0.75、(0.5)	6.647
10	—	1.5	1.25、1、0.75、(0.5)	8.376
12	—	1.75	1.5、1.25、1、(0.75)、(0.5)	10.106
—	14	2	1.5、(1.25)、1、(0.75)、(0.5)	11.835
16	—	2	1.5、1、(0.75)、(0.5)	13.835
—	18	2.5	2、1.5、1、(0.75)、(0.5)	15.294
20	—	2.5		17.294
—	22	2.5	2、1.5、1、(0.75)、(0.5)	19.294
24	—	3	2、1.5、1、(0.75)	20.752

公称直径（D、d）		螺距 P		粗牙螺纹小径
第一系列	第二系列	粗 牙	细 牙	（D_1、d_1）
	27	3	2、1.5、1、（0.75）	23.752
30	—	3.5	（3）、2、1.5、1、（0.75）	26.211
—	33	3.5	（3）、2、1.5、（1）、（0.75）	29.211
36	—	4	3、2、1.5、（1）	31.670
—	39	4		34.670
42		4.5	（4）、3、2、1.5、（1）	37.129
	45	4.5		40.129
48		5		42.587
	52	5		46.587
56		5.5	4、3、2、1.5、（1）	50.046
	60	5.5		54.046
64		6		57.505
	68	6		61.505

注：1. 优先选用第一系列，第三系列未列入。

2. 括号内尺寸尽可能不用。

附表 2　管螺纹

用螺纹密封的管螺纹
（摘自 GB/T 7306—2000）

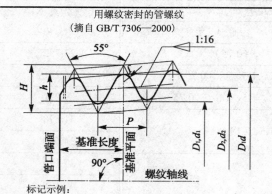

标记示例：

R1/2　（尺寸代号 1/2，右旋圆锥外螺纹）
Rc1/2LH　（尺寸代号 1/2，左旋圆锥内螺纹）
Rp1/2　（尺寸代号 1/2，右旋圆柱内螺纹）

非螺纹密封的管螺纹
（摘自 GB/T 7307—2001）

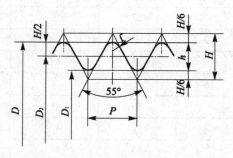

G1/2-LH　（尺寸代号 1/2，左旋内螺纹）
G1/2A　（尺寸代号 1/2，A 级右旋外螺纹）
G1/2B-LH　（尺寸代号 1/2，B 级左旋外螺纹）

尺寸代号	基面上的直径(GB/T 7306—2000) 基本直径(GB/T 7307—2001)			螺距 (P) /mm	牙高 (h) /mm	圆弧半径 (R) /mm	每 25.4 mm 内的牙数 (n)	有效螺纹长度 (GB/T 7306) /mm	基准的基本长度 (GB/T 7306) /mm
	大径 $(d=D)$ /mm	中径 $(d_2=D_2)$ /mm	小径 $(d_1=D_1)$ /mm						
1/16	7.723	7.142	6.561	0.907	0.581	0.125	28	6.5	4.0
1/8	9.728	9.147	8.566					6.5	4.0
1/4	13.157	12.301	11.445	1.337	0.856	0.184	19	9.7	6.0
3/8	16.662	15.806	14.950					10.1	6.4
1/2	20.955	19.793	18.631	1.814	1.162	0.249	14	13.2	8.2
3/4	26.441	25.279	24.117					14.5	9.5
1	33.249	31.770	30.291					16.8	10.4
1¼	41.910	40.431	28.952					19.1	12.7
1½	47.803	46.324	44.845					19.1	12.7
2	59.614	58.135	56.656					23.4	15.9
2½	75.184	73.705	72.226	2.309	1.479	0.317	11	26.7	17.5
3	87.884	86.405	84.926					29.8	20.6
4	113.030	111.551	110.072					35.8	25.4
5	138.430	136.951	135.472					40.1	28.6
6	163.830	162.351	160.872					40.1	28.6

二、常用标准件

附表3　六角头螺栓/mm

六角头螺栓　A 和 B 级（摘自 GB/T 5782—2000）

标记示例：

螺栓　GB/T 5780　M20×100

（螺纹规格 d=M20、公称长度 l=100、性能等级为 8.8 级、表面氧化、A 级的六角头螺栓）

规格（d）		M5	M6	M8	M10	M12	M16	M20	M24	M30	M36	M42	M48
b 参考	l 公称≤125	16	18	22	26	30	38	40	54	66	78	—	—
	125<l 公称≤200	—	—	28	32	36	44	52	60	72	84	96	108
	l 公称>200	—	—	—	—	—	57	65	73	85	97	109	121
k 公称		3.5	4.0	5.3	6.4	7.5	10	12.5	15	18.7	22.5	26	30
s_{min}		8	10	13	16	18	24	30	36	46	55	65	75
e_{min}	A	8.79	10.05	14.38	17.77	20.03	26.75	33.53	39.98	—	—	—	—
	B	8.63	10.89	14.2	17.59	19.85	26.17	32.95	39.55	50.85	60.79	72.02	82.6
d_{smin}	A	6.9	8.9	11.6	14.6	16.6	22.5	28.2	33.6	—	—	—	—
	B	6.7	8.7	11.4	14.4	16.4	22	27.7	33.2	42.7	51.1	60.6	69.4
l 范围	GB/T 5782	25~50	30~60	35~80	40~100	50~120	65~160	80~200	90~240	110~300	140~360	160~440	180~480
	GB/T 5783	10~50	12~60	16~80	20~100	25~100	30~150	40~150	50~150	60~200	70~200	80~200	100~200
l 公称	GB/T 5782	20~65（5 进位）、70~160（10 进位）、180~400（20 进位）											
	GB/T 5783	8、10、12、16、18、20、20~65（5 进位）、70~160（10 进位）、180~500（20 进位）											

注：1. 括号内的规格尽可能不用。末端按 GB/T 2—2001 规定。

　　2. 螺纹公差：6g；力学性能等级：8.8。

附表4　双头螺柱/mm（摘自 GB/T 897～900）

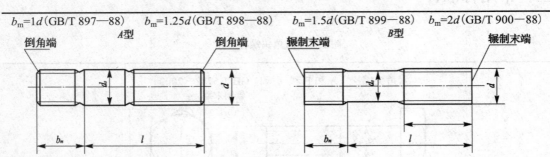

$b_m=1d$（GB/T 897—88）　　$b_m=1.25d$（GB/T 898—88）　　$b_m=1.5d$（GB/T 899—88）　　$b_m=2d$（GB/T 900—88）

标记示例：

螺柱　GB/T 900　M10×50　（两端均为粗牙普通螺纹、d=M10、l=50、性能等级为 4.8 级、不经表面处理、B 型、$b_m=2d$ 的双头螺柱）

螺柱　GB/T 900　AM10-10×1×50　（旋入机体一端为粗牙普通螺纹、旋螺母端为螺距 P=1 的细牙普通螺纹、d=M10、l=50、性能等级为 4.8 级、不经表面处理、A 型、$b_m=2d$ 的双头螺柱）

螺柱　GB/T 897　GM10-M10×50-8.8-Zn·D　（旋入机体一端为过渡配合螺纹的第一种配合，旋螺母端为粗牙普通螺纹、d=M10、l=50、性能等级为 8.8 级、镀锌钝化、B 型、$b_m=d$ 的双头螺柱）

螺纹规格 (d)	b_m（旋入机体端长度）				l（螺柱长度） / b（旋螺母端长度）				
	GB/T 897	GB/T 898	GB/T 899	GB/T 900					
M4	—	—	6	8	16~22 8	25~40 14			
M5	5	6	8	10	16~22 10	25~50 16			
M6	6	8	10	12	20~22 10	25~30 14	32~75 18		
M8	8	10	12	16	20~22 12	25~30 16	32~90 22		
M10	10	12	15	20	25~28 14	30~38 16	40~120 26	130 32	
M12	12	15	18	24	25~30 16	32~40 20	45~120 30	130~180 36	
M16	16	20	24	32	30~38 20	40~55 30	60~120 38	130~200 44	
M20	20	25	30	40	35~40 25	45~65 35	70~120 46	130~200 52	
(M24)	24	30	36	48	45~50 30	55~75 45	80~120 54	130~200 60	
(M30)	30	38	45	60	60~65 40	70~90 50	95~120 66	130~200 72	210~250 85
M36	36	45	54	72	65~75 45	80~110 60	120 78	130~200 84	210~300 97
M42	42	52	63	84	70~80 50	85~110 70	120 90	130~200 96	210~300 109
M48	48	60	72	96	80~90 60	95~110 80	120 102	130~200 108	210~300 121
l 公称	12、（14）、16、（18）、20、（22）、25、（28）、30、（32）、35、（38）、40、45、50、（55）、60、（65）、70、（75）、80、（85）、90、（95）、100～260（10 进位）、280、300								

注：1. 尽可能不采用括号内的规格。末端按 GB/T 2—2001 规定。

　　2. $b_m=1d$，一般用于钢对钢；$b_m=(1.25\sim1.5)d$，一般用于钢对铸铁；$b_m=2d$，一般用于钢对铝合金。

附表5　螺钉

开槽圆柱头螺钉（GB/T 65—2000）

开槽盘头螺钉（GB/T 67—2008）

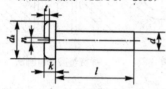

开槽沉头螺钉（GB/T 68—2000）

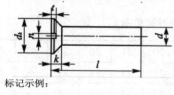

标记示例：

螺钉　GB/T 65　M5×20　（螺纹规格 d=M5、l=50、性能等级为4.8级、不经表面处理的开槽圆柱头螺钉）

螺纹规格 d		M1.6	M2	M2.5	M3	M4	M5	M6	M8	M10
n 公称		0.4	0.5	0.6	0.8	1.2	1.2	1.6	2	2.5
GB/T 65	d_{kmax}	3	3.8	4.5	5.5	7	8.5	10	13	16
	k_{max}	1.1	1.4	1.8	2	2.6	3.3	3.9	5	6
	t_{min}	0.35	0.5	0.6	0.7	1	1.2	1.4	1.9	2.4
	l 范围	2～16	3～20	3～25	4～30	5～40	6～50	8～60	10～80	12～80
GB/T 67	d_{kmax}	3.2	4	5	5.6	8	9.5	12	16	20
	k_{max}	1	1.3	1.5	1.8	2.4	3	3.6	4.8	6
	t_{min}	0.35	0.5	0.6	0.7	1	1.2	1.4	1.9	2.4
	l 范围	2～16	2.5～20	3～25	4～30	5～40	6～50	8～60	10～80	12～80
GB/T 68	d_{kmax}	3	3.8	4.7	5.5	8.4	9.3	11.3	15.8	18.3
	k_{max}	1	1.2	1.5	1.65	2.7	2.7	3.3	4.65	5
	t_{min}	0.32	0.4	0.5	0.6	1	1.1	1.2	1.8	2
	l 范围	2.5～16	3～20	4～25	5～30	6～40	8～50	8～60	10～80	12～80
l 系列		2、2.5、3、4、5、6、8、10、12、（14）、16、20、25、30、35、40、45、50、（55）、60、（65）、70、（75）、80									

注：尽可能不采用括号内的规格。

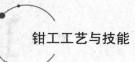

附表 6　垫圈/mm

平垫圈　A 级（摘自 GB/T　97.1—2002）　　　　　　　平垫圈　C 级（摘自 GB/T　95—2002）
平垫圈　倒角型　A 级（摘自 GB/T　97.2—2002）　　　标准型弹簧垫圈（摘自 GB/T　93—87）

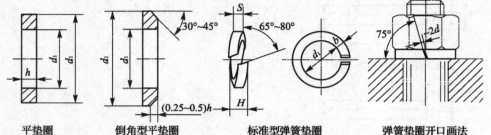

平垫圈　　　　　　倒角型平垫圈　　　　标准型弹簧垫圈　　　弹簧垫圈开口画法

标记示例：

垫圈　GB/T 95　8-100HV（标准系列、规格 8、性能等级为 100HV 级、不经表面处理，产品等级为 C 级的平垫圈）

垫圈　GB/T 93　10（规格 10、材料为 65Mn、表面氧化的标准型弹簧垫圈）

公称尺寸 d		4	5	6	8	10	12	14	16	20	24	30	36	42	48
GB/T 97.1 (A 级)	d_1	4.3	5.3	6.4	8.4	10.5	13.0	15	17	21	25	31	37	—	—
	d_2	9	10	12	16	20	24	28	30	37	44	56	66	—	—
	h	0.8	1	1.6	1.6	2	2.5	2.5	3	3	4	4	5	—	—
GB/T 97.2 (A 级)	d_1	—	5.3	6.4	8.4	10.5	13	15	17	21	25	31	37	—	—
	d_2	—	10	12	16	20	24	28	30	37	44	56	66	—	—
	h	—	1	1.6	1.6	2	2.5	2.5	3	3	4	4	5	—	—
公称尺寸 d		4	5	6	8	10	12	14	16	20	24	30	36	42	48
GB/T 95 (C 级)	d_1	—	5.5	6.6	9	11	13.5	15.5	17.5	22	26	33	39	45	52
	d_2	—	10	12	16	20	24	28	30	37	44	56	66	78	92
	h	—	1	1.6	1.6	2	2.5	2.5	3	3	4	4	5	8	8
GB/T 93	d_1	4.1	5.1	6.1	8.1	10.2	12.2	—	16.2	20.2	24.5	30.5	36.5	42.5	48.5
	$S=$	1.1	1.3	1.6	2.1	2.6	3.1	—	4.1	5	6	7.5	9	10.5	12
	H	2.8	3.3	4	5.3	6.5	7.8	—	10.3	12.5	15	18.6	22.5	26.3	30

注：1. A 级适用于精装配系列，C 级适用于中等装配系列。

2. C 级垫圈没有 R_a3.2 和去毛刺的要求。

附表 7　平键及键槽各部尺寸/mm（摘自 GB/T 1095—2003、GB/T 1096—2003）

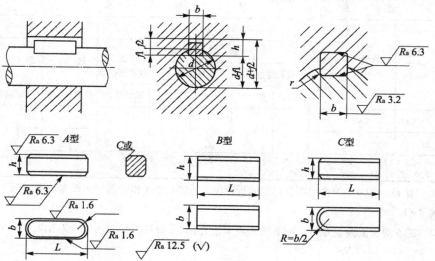

标记示例：
键　16×100　GB/T 1096　（圆头普通平键，b=16、h=10、L=100）
键　B16×100　GB/T 1096　（平头普通平键，b=16、h=10、L=100）
键　C16×100　GB/T 1096　（单圆头普通平键，b=16、h=10、L=10）

公称直径 (d)	键		键　槽										
	公称尺寸 (b×h)	长度 (L)	宽　度（b）					深　度				半径 (r)	
			公称尺寸 (b)	极　限　偏　差				轴（t）		毂（t₁）			
				较松键连接		一般键连接		较紧键连接					
				轴 H9	毂 D10	轴 N9	毂 JS9	轴和毂 P9	公称	偏差	公称	偏差	最大	最小
6～8	2×2	6～20	2	+0.030 0	+0.060 +0.020	-0.004 -0.029	±0.0125	-0.006 -0.031	1.2	+0.10	1	+0.10	0.08	0.16
>8～10	3×3	6～36	3						1.8		1.4			
>10～12	4×4	8～45	4	+0.030 0	+0.078 +0.030	0 -0.030	±0.015	-0.012 -0.042	2.5	+0.10	1.8	+0.10	0.08	0.16
>12～17	5×5	10～56	5						3.0		2.3			
>17～22	6×6	14～70	6						3.5		2.8		0.16	0.25
>22～30	8×7	18～90	8	+0.036 0	+0.098 +0.040	0 -0.036	±0.018	-0.015 -0.051	4.0		3.3			
>30～38	10×8	22～110	10						5.0		3.3			
>38～44	12×8	28～140	12	+0.043 0	+0.120 +0.050	0 -0.043	±0.022	-0.018 -0.061	5.0		3.3			
>44～50	14×9	36～160	14						5.5	+0.20	3.8	+0.20	0.25	0.40
>50～58	16×10	45～180	16						6.0		4.3			
>58～65	18×11	50～200	18						7.0		4.4			
>65～75	20×12	56～220	20	+0.052 0	+0.149 +0.065	0 -0.052	±0.026	-0.022 -0.074	7.5		4.9		0.40	0.60
>75～85	22×14	63～250	22						9.0		5.4			

轴	键		键　槽										
			宽　度（b）					深　度				半径（r）	
公称直径（d）	公称尺寸（b×h）	长度（L）	公称尺寸（b）	极　限　偏　差				轴（t）		毂（t₁）			
				较松键连接		一般键连接		较紧键连接					
				轴 H9	毂 D10	轴 N9	毂 JS9	轴和毂 P9					
								公称	偏差	公称	偏差	最大	最小
>85～95	25×14	70～280	25							9.0		5.4	
>95～110	28×16	80～320	28							10		6.4	
L系列	6～22（2 进位）、25、28、32、36、40、45、50、56、63、70、80、90、100、110、125、140、160、180、200、220、250、280、320、360、400、450、500												

注：1．（d-t）和（d+t₁）两组组合尺寸的极限偏差按相应的 t 和 t₁ 的极限偏差选取，但（d-t）极限偏差应取负号（-）。

2．键 b 的极限偏差为 h9，键 h 的极限偏差为 h11，键长 L 的极限偏差为 h14。

附表 8　六角螺母　C 级/mm（摘自 GB/T 41—2000）

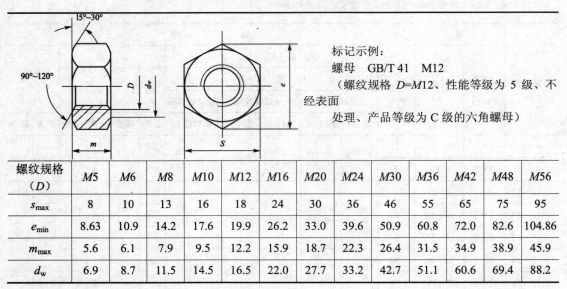

标记示例：

螺母　GB/T 41　M12

（螺纹规格 D=M12、性能等级为 5 级、不经表面

处理、产品等级为 C 级的六角螺母）

螺纹规格（D）	M5	M6	M8	M10	M12	M16	M20	M24	M30	M36	M42	M48	M56
s_{max}	8	10	13	16	18	24	30	36	46	55	65	75	95
e_{min}	8.63	10.9	14.2	17.6	19.9	26.2	33.0	39.6	50.9	60.8	72.0	82.6	104.86
m_{max}	5.6	6.1	7.9	9.5	12.2	15.9	18.7	22.3	26.4	31.5	34.9	38.9	45.9
d_w	6.9	8.7	11.5	14.5	16.5	22.0	27.7	33.2	42.7	51.1	60.6	69.4	88.2

附表 9　圆柱销/mm（摘自 GB/T 119.1-2000）

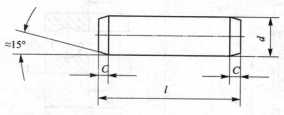

标记示例：
　销　GB/T 119.1　6 m6×30
公称直径 d=6 mm、公差为 m6、公称长度 l=30 mm、
材料为钢、不经淬火、不经表面处理的圆柱销

d	2.5	3	4	5	6	8	10	12	16	20	25	30
c≈	0.4	0.5	0.63	0.8	1.2	1.6	2.0	2.5	3.0	3.5	4.0	5.0
L（商品范围）	6～24	8～30	8～40	10～50	12～60	14～80	18～95	22～140	26～180	35～200	50～200	60～200
L 系列	6～32（2 进位）、35～100（5 进位）、120～200（20 进位）（公称长度大于 200，按 20 递增）											

附表 10　圆锥销/mm（摘自 GB/T 117-2000）

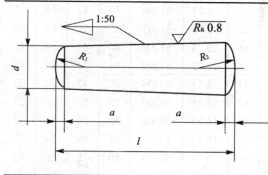

A 型（磨削）：锥面表面粗糙度 R_a=0.8 μm；
B 型（切削或冷镦）：锥面表面粗糙度 R_a=3.2 μm

标记示例：
　销　GB/T 117　6×30　（公称直径 d=6 mm、公称
长度 l=30 mm、材料为 35 钢、热处理硬度 28～38
HRC、表面氧化处理的 A 型圆锥销）
R_1≈d
$$R_2 \approx \frac{a}{2} + d + \frac{(0.021)^2}{8a}$$

d 公称	2.5	3	4	5	6	8	10	12	16	20	25	30
a≈	0.3	0.4	0.5	0.63	0.8	1.0	1.2	1.6	2.0	2.5	3.0	4.0
l 范围	10～35	12～45	12～55	18～60	22～90	22～120	26～160	32～180	40～200	45～200	50～200	55～200
L 公称	10～32（2 进位）、35～100（5 进位）、120～200（20 进位）（公称长度大于 200，按 20 递增）											

钳工工艺与技能

附表 11　滚动轴承

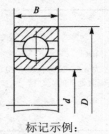

深沟球轴承(GB/T 276-2013)

标记示例：

滚动轴承
6310 GB/T 276—2013

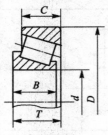

圆锥滚子轴承(GB/T 297-2015)

标记示例：

滚动轴承　30212　GB/T 297—2015

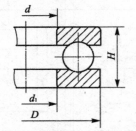

推力球轴承(GB/T 301-1995)

标记示例：

滚动轴承　51305 GB/T 301—1995

轴承型号	尺寸/mm			轴承型号	尺寸/mm					轴承型号	尺寸/mm			
	d	D	B		d	D	B	C	T		d	D	T	d_1
尺寸系列〔（0）2〕				尺寸系列〔02〕						尺寸系列〔12〕				
6202	15	35	11	30203	17	40	12	11	13.25	51202	15	32	12	17
6203	17	40	12	30204	20	47	14	12	15.25	51203	17	35	12	19
6204	20	47	14	30205	25	52	15	13	16.25	51204	20	40	14	22
6205	25	52	15	30206	30	62	16	14	17.25	51205	25	47	15	27
6206	30	62	16	30207	35	72	17	15	18.25	51206	30	52	16	32
6207	35	72	17	30208	40	80	18	16	19.75	51207	35	62	18	37
6208	40	80	18	30209	45	85	19	16	20.75	51208	40	68	19	42
6209	45	85	19	30210	50	90	20	17	21.75	51209	45	73	20	47
6302	15	42	13	30302	15	42	13	11	14.25	51304	20	47	18	22
6303	17	47	14	30303	17	47	14	12	15.25	51305	25	52	18	27
6304	20	52	15	30304	20	52	15	13	16.25	51306	30	60	21	32
6305	25	62	17	30305	25	62	17	15	18.25	51307	35	68	24	37
6306	30	72	19	30306	30	72	19	16	20.75	51308	40	78	26	42
6307	35	80	21	30307	35	80	21	18	22.75	51309	45	85	28	47
6308	40	90	23	30308	40	90	23	20	25.25	51310	50	95	31	52
6309	45	100	25	30309	45	100	25	22	27.25	51311	55	105	35	57
尺寸系列〔（0）4〕				尺寸系列〔13〕						尺寸系列〔14〕				
6403	17	62	17	31305	25	62	17	13	18.25	51405	25	60	24	27
6404	20	72	19	31306	30	72	19	14	20.75	51406	30	70	28	32
6405	25	80	21	31307	35	80	21	15	22.75	51407	35	80	32	37
6406	30	90	23	31308	40	90	23	17	25.25	51408	40	90	36	42
6407	35	100	25	31309	45	100	25	18	27.25	51409	45	100	39	47
6408	40	110	27	31310	50	110	27	19	29.25	51410	50	110	43	52
6409	45	120	29	31311	55	120	29	21	31.50	51411	55	120	48	57
6410	50	130	31	31312	60	130	31	22	33.50	51412	60	130	51	62

三、极限与配合

附表 12   标准公差数值（摘自 GB/T 1800.1—2009）

基本尺寸 /mm		标　准　公　差　等　级																		
		IT01	IT0	IT1	IT2	IT3	IT4	IT5	IT6	IT7	IT8	IT9	IT10	IT11	IT12	IT13	IT14	IT15	IT16	IT17	IT18
大于	至	μm													mm						
—	3	0.3	0.5	0.8	1.2	2	3	4	6	10	14	25	40	60	0.1	0.14	0.25	0.4	0.6	1	1.4
3	6	0.4	0.6	1	1.5	2.5	4	5	8	12	18	30	48	75	0.12	0.18	0.3	0.45	0.75	1.2	1.8
6	10	0.4	0.6	1	1.5	2.5	4	6	9	15	22	36	58	90	0.15	0.22	0.36	0.58	0.9	1.5	2.2
10	18	0.5	0.8	1.2	2	3	5	8	11	18	27	43	70	110	0.18	0.27	0.43	0.7	1.1	1.8	2.7
18	30	0.6	1	1.5	2.5	4	6	9	13	21	33	52	84	130	0.21	0.33	0.52	0.84	1.3	2.1	3.3
30	50	0.6	1	1.5	2.5	4	7	11	16	25	39	62	100	160	0.25	0.39	0.62	1	1.6	2.5	3.9
50	80	0.8	1.2	2	3	5	8	13	19	30	46	74	120	190	0.3	0.46	0.74	1.2	1.9	3	4.6
80	120	1	1.5	2.5	4	6	10	15	22	35	54	87	140	220	0.35	0.54	0.87	1.4	2.2	3.5	5.4
120	180	1.2	2	3.5	5	8	12	18	25	40	63	100	160	250	0.4	0.63	1	1.6	2.5	4	6.3
180	250	2	3	4.5	7	10	14	20	29	46	72	115	185	290	0.46	0.72	1.15	1.85	2.6	4.6	7.2
250	315	2.5	4	6	8	12	16	23	32	52	81	130	210	320	0.52	0.81	1.3	2.1	3.2	5.2	8.1
315	400	3	5	7	9	13	18	25	36	57	89	140	230	360	0.57	0.89	1.4	2.3	3.6	5.7	8.9
400	500	4	6	8	10	15	20	27	40	63	97	155	250	400	0.63	0.97	1.55	2.5	4	6.3	9.7

附表 13   优先及常用配合轴的极限

代号		a	b		c			d				e		
基本尺寸	至	11	11	12	9	10	*11	8	*9	10	11	7	8	9
—	3	- 270	- 140	- 140	- 60	- 60	- 60	- 20	- 20	- 20	- 20	- 14	- 14	- 14
3	6	- 270	- 140	- 140	- 70	- 70	- 70	- 30	- 30	- 30	- 30	- 20	- 20	- 20
6	10	- 280	- 150	- 150	- 80	- 80	- 80	- 40	- 40	- 40	- 40	- 25	- 25	- 25
10	14	- 290	- 150	- 150	- 95	- 95	- 95	- 50	- 50	- 50	- 50	- 32	- 32	- 32
14	18	- 400	- 260	- 330	- 138	- 165	- 205	- 77	- 93	- 120	- 160	- 50	- 59	- 75
18	24	- 300	- 160	- 160	- 110	- 110	- 110	- 65	- 65	- 65	- 65	- 40	- 40	- 40
24	30	- 430	- 290	- 370	- 162	- 194	- 240	- 98	- 117	- 149	- 195	- 61	- 73	- 92
30	40	- 310	- 170	- 170	- 120	- 120	- 120	- 80	- 80	- 80	- 80	- 50	- 50	- 50
40	50	- 320	- 180	- 180	- 130	- 130	- 130	- 119	- 142	- 180	- 240	- 75	- 89	- 112

代 号		a	b		c			d				e		
基本尺寸														
	至	11	11	12	9	10	*11	8	*9	10	11	7	8	9
50	65	- 340	- 190	- 190	- 140	- 140	- 140	- 100	- 100	- 100	- 100	- 60	- 60	- 60
65	80	- 360	- 200	- 200	- 150	- 150	- 150	- 146	- 174	- 220	- 290	- 90	- 106	- 134
80	100	- 380	- 220	- 220	- 170	- 170	- 170	- 120	- 120	- 120	- 120	- 72	- 72	- 72
100	120	- 410	- 240	- 240	- 180	- 180	- 180	- 174	- 207	- 260	- 340	- 107	- 126	- 159
120	140	- 460	- 260	- 260	- 200	- 200	- 200	- 145	- 145	- 145	- 145	- 85	- 85	- 85
140	160	- 520	- 280	- 280	- 210	- 210	- 210							
160	180	- 580	- 310	- 310	- 230	- 230	- 230	- 208	- 245	- 305	- 390	- 125	- 148	- 185
180	200	- 660	- 340	- 340	- 240	- 240	- 240	- 170	- 170	- 170	- 170	- 100	- 100	- 100
200	225	- 740	- 380	- 380	- 260	- 260	- 260							
225	250	- 820	- 420	- 420	- 280	- 280	- 280	- 242	- 285	- 355	- 460	- 146	- 172	- 215
250	280	- 920	- 480	- 480	- 300	- 300	- 300	- 190	- 190	- 190	- 190	- 110	- 110	- 110
280	315	- 1050	- 540	- 540	- 330	- 330	- 330	- 271	- 320	- 400	- 510	- 162	- 191	- 240
315	355	- 1200	- 600	- 600	- 360	- 360	- 360	- 210	- 210	- 210	- 210	- 125	- 125	- 125
355	400	- 1350	- 680	- 680	- 400	- 400	- 400	- 299	- 350	- 440	- 570	- 182	- 214	- 265
400	450	- 1500	- 760	- 760	- 440	- 440	- 440	- 230	- 230	- 230	- 230	- 135	- 135	- 135
450	500	- 1650	- 840	- 840	- 480	- 480	- 480	- 327	- 385	- 480	- 630	- 198	- 232	- 290

偏差表/μm（摘自 GB/T 1800.2-2009）

f					g			h							
								差							
5	6	*7	8	9	5	*6	7	5	*6	*7	8	*9	10	*11	12
-6	-6	-6	-6	-6	-2	-2	-2	0	0	0	0	0	0	0	0
-10	-10	-10	-10	-10	-4	-4	-4	0	0	0	0	0	0	0	0
-13	-13	-13	-13	-13	-5	-5	-5	0	0	0	0	0	0	0	0
-16	-16	-16	-16	-16	-6	-6	-6	0	0	0	0	0	0	0	0
-20	-20	-20	-20	-20	-7	-7	-7	0	0	0	0	0	0	0	0
-25	-25	-25	-25	-25	-9	-9	-9	0	0	0	0	0	0	0	0
-30	-30	-30	-30	-30	-10	-10	-10	0	0	0	0	0	0	0	0
-36	-36	-36	-36	-36	-12	-12	-12	0	0	0	0	0	0	0	0
-43	-43	-43	-43	-43	-14	-14	-14	0	0	0	0	0	0	0	0
-50	-50	-50	-50	-50	-15	-15	-15	0	0	0	0	0	0	0	0

续表

f					g			h							
5	6	*7	8	9	5	*6	7	差							
5	6	*7	8	9	5	*6	7	5	*6	*7	8	*9	10	*11	12
-56	-56	-56	-56	-56	-17	-17	-17	0	0	0	0	0	0	0	0
-62	-62	-62	-62	-62	-18	-18	-18	0	0	0	0	0	0	0	0
-68	-68	-68	-68	-68	-20	-20	-20	0	0	0	0	0	0	0	0

代 号		js			k			m			n			p		
基本尺寸		公差等级														
	至	5	6	7	5	*6	7	5	6	7	5	*6	7	5	*6	7
—	3	±2	±3	±5	+4	+6	+10	+6	+8	+12	+8	+10	+14	+10	+12	+16
3	6	±2.5	±4	±6	+6	+9	+13	+9	+12	+16	+13	+16	+20	+17	+20	+24
6	10	±3	±4.5	±7	+7	+10	+16	+12	+15	+21	+16	+19	+25	+21	+24	+30
10	14	±4	±5.5	±9	+9	+12	+19	+15	+18	+25	+20	+23	+30	+26	+29	+36
14	18				+1	+1	+1	+7	+7	+7	+12	+12	+12	+18	+18	+18
18	24	±4.5	±6.5	±10	+11	+15	+23	+17	+21	+29	+24	+28	+36	+31	+35	+43
24	30				+2	+2	+2	+8	+8	+8	+15	+15	+15	+22	+22	+22
30	40	±5.5	±8	±12	+13	+18	+27	+20	+25	+34	+28	+33	+42	+37	+42	+51
40	50				+2	+2	+2	+9	+9	+9	+17	+17	+17	+26	+26	+26
50	65	±6.5	±9.5	±15	+15	+21	+32	+24	+30	+41	+33	+39	+50	+45	+51	+62
65	80				+2	+2	+2	+11	+11	+11	+20	+20	+20	+32	+32	+32
80	100	±7.5	±11	±17	+18	+25	+38	+28	+35	+48	+38	+45	+58	+52	+59	+72
100	120				+3	+3	+3	+13	+13	+13	+23	+23	+23	+37	+37	+37
120	140				+21	+28	+43	+33	+40	+55	+45	+52	+67	+61	+68	+83
140	160	±9	±12.5	±20												
160	180				+3	+3	+3	+15	+15	+15	+27	+27	+27	+43	+43	+43
180	200				+24	+33	+50	+37	+46	+63	+51	+60	+77	+70	+79	+96
200	225	±10	±14.5	±23												
225	250				+4	+4	+4	+17	+17	+17	+31	+31	+31	+50	+50	+50
250	280	±11.5	±16	±26	+27	+36	+56	+43	+52	+72	+57	+66	+86	+79	+88	+108
280	315				+4	+4	+4	+20	+20	+20	+34	+34	+34	+56	+56	+56
315	355	±12.5	±18	±28	+29	+40	+61	+46	+57	+78	+62	+73	+94	+87	+98	+119
355	400				+4	+4	+4	+21	+21	+21	+37	+37	+37	+62	+62	+62

代号	js			k			m			n			p		
基本尺寸	公差等级														
至	5	6	7	5	*6	7	5	6	7	5	*6	7	5	*6	7
400　450	±13.5	±20	±31	+32	+45	+68	+50	+63	+86	+67	+80	+103	+95	+108	+131
450　500				+5	+5	+5	+23	+23	+23	+40	+40	+40	+68	+68	+68

代号	r			s			t			u		v	x	y	z
等级	5	6	7	5	*6	7	5	6	7	*6	7	6	6	6	6
	+14	+16	+20	+18	+20	+24	—	—	—	+24	+28	—	+26	—	+32
	+20	+23	+27	+24	+27	+31	—	—	—	+31	+35	—	+36	—	+43
	+25	+28	+34	+29	+32	+38	—	—	—	+37	+43	—	+43	—	+51
	+31	+34	+41	+36	+39	+46	—	—	—	+44	+51	—	+51	—	+61
	+23	+23	+23	+28	+28	+28	—	—	—	+33	+33	+50	+56	—	+71
	+37	+41	+49	+44	+48	+56	—	—	—	+54	+62	+60	+67	+76	+86
	+28	+28	+28	+35	+35	+35	+50	+54	+62	+61	+69	+68	+77	+88	+101
	+45	+50	+59	+54	+59	+68	+59	+64	+73	+76	+85	+84	+96	+110	+128
	+34	+34	+34	+43	+43	+43	+65	+70	+79	+86	+95	+97	+113	+130	+152
	+54	+60	+71	+66	+72	+83	+79	+85	+96	+106	+117	+121	+141	+163	+191
	+56	+62	+73	+72	+78	+89	+88	+94	+105	+121	+132	+139	+165	+193	+229
	+66	+73	+86	+86	+93	+106	+106	+113	+126	+146	+159	+168	+200	+236	+280
	+69	+76	+89	+94	+101	+114	+119	+126	+139	+166	+179	+194	+232	+276	+332
	+81	+88	+103	+110	+117	+132	+140	+147	+162	+195	+210	+227	+273	+325	+390
	+83	+90	+105	+118	+125	+140	+152	+159	+174	+215	+230	+253	+305	+365	+440
	+86	+93	+108	+126	+133	+148	+164	+171	+186	+235	+250	+277	+335	+405	+490
	+97	+106	+123	+142	+151	+168	+186	+195	+212	+265	+282	+313	+379	+454	+549
	+100	+109	+126	+150	+159	+176	+200	+209	+226	+287	+304	+339	+414	+499	+604
	+104	+113	+130	+160	+169	+186	+216	+225	+242	+313	+330	+369	+454	+549	+669
	+117	+126	+146	+181	+190	+210	+241	+250	+270	+347	+367	+417	+507	+612	+742
	+121	+130	+150	+198	+202	+222	+263	+272	+292	+382	+402	+457	+557	+682	+822
	+133	+144	+165	+215	+226	+247	+293	+304	+325	+426	+447	+511	+626	+766	+936
	+139	+150	+171	+233	+244	+265	+319	+330	+351	+471	+492	+566	+696	+856	+1036
	+153	+166	+189	+259	+272	+295	+357	+370	+393	+530	+553	+635	+780	+960	+1140
	+159	+172	+195	+279	+292	+315	+387	+400	+423	+580	+603	+700	+860	+1040	+1290

附表 14　优先及常用配合孔的极限

代号		A	B		C		D				E		F			
基本尺寸		公差等级														
	至	11	11	12	*11	12	8	*9	10	11	8	9	6	7	*8	9
—	3	+330	+200	+240	+120	+160	+34	+45	+60	+80	+28	+39	+12	+16	+20	+31
3	6	+345	+215	+260	+145	+190	+48	+60	+78	+105	+38	+50	+18	+22	+28	+40
6	10	+370	+240	+300	+170	+230	+62	+76	+98	+130	+47	+61	+22	+28	+35	+49
10	14	+400	+260	+330	+205	+275	+77	+93	+120	+160	+59	+75	+27	+34	+43	+59
14	18	+290	+150	+150	+95	+95	+50	+50	+50	+50	+32	+32	+16	+16	+16	+16
18	24	+430	+290	+370	+240	+320	+98	+117	+149	+195	+73	+92	+33	+41	+53	+72
24	30	+300	+160	+160	+110	+110	+65	+65	+65	+65	+40	+40	+20	+20	+20	+20
30	40	+470	+330	+420	+280	+370	+119	+142	+180	+240	+89	+112	+41	+50	+64	+87
40	50	+480	+340	+430	+290	+380	+80	+80	+80	+80	+50	+50	+25	+25	+25	+25
50	65	+530	+380	+490	+330	+440	+146	+174	+220	+290	+106	+134	+49	+60	+76	+104
65	80	+550	+390	+500	+340	+450	+100	+100	+100	+100	+60	+60	+30	+30	+30	+30
80	100	+600	+440	+570	+390	+520	+174	+207	+260	+340	+126	+159	+58	+71	+90	+123
100	120	+630	+460	+590	+400	+530	+120	+120	+120	+120	+72	+72	+36	+36	+36	+36
120	140	+710	+510	+660	+450	+600										
140	160	+770	+530	+680	+460	+610	+208	+245	+305	+395	+148	+185	+68	+83	+106	+143
160	180	+830	+560	+710	+480	+630	+145	+145	+145	+145	+85	+85	+43	+43	+43	+43
180	200	+950	+630	+800	+530	+700										
200	225	+1030	+670	+840	+550	+720	+242	+285	+355	+460	+172	+215	+79	+96	+122	+165
225	250	+1110	+710	+880	+570	+740	+170	+170	+170	+170	+100	+100	+50	+50	+50	+50
250	280	+1240	+800	+1000	+620	+820	+271	+320	+400	+510	+191	+240	+88	+108	+137	+186
280	315	+1370	+860	+1060	+650	+850	+190	+190	+190	+190	+110	+110	+56	+56	+56	+56
315	355	+1560	+960	+1170	+720	+930	+299	+350	+440	+570	+214	+265	+98	+119	+151	+202
355	400	+1710	+1040	+1250	+760	+970	+210	+210	+210	+210	+125	+125	+62	+62	+62	+62
400	450	+1900	+1160	+1390	+840	+1070	+327	+385	+480	+630	+232	+290	+108	+131	+165	+223
450	500	+2050	+1240	+1470	+880	+1110	+230	+230	+230	+230	+135	+135	+68	+68	+68	+68

续表

公差等级

G		H							JS			K		
6	*7	6	*7	*8	*9	10	*11	12	6	7	8	6	*7	8
+8	+12	+6	+10	+14	+25	+40	+60	+100	±3	±5	±7	0	0	0
+12	+16	+8	+12	+18	+30	+48	+75	+120	±4	±6	±9	+2	+3	+5
+14	+20	+9	+15	+22	+36	+58	+90	+150	±4.5	±7	±11	+2	+5	+6
+17	+24	+11	+18	+27	+43	+70	+110	+180	±5.5	±9	±13	+2	+6	+8
+20	+28	+13	+21	+33	+52	+84	+130	+210	±6.5	±10	±16	+2	+6	+10
+25	+34	+16	+25	+39	+62	+100	+160	+250	±8	±12	±19	+3	+7	+12
+29	+40	+19	+30	+46	+74	+120	+190	+300	±9.5	±15	±23	+4	+9	+14
+34	+47	+22	+35	+54	+87	+140	+220	+350	±11	±17	±27	+4	+10	+16
+39	+54	+25	+40	+63	+100	+160	+250	+400	±12.5	±20	±31	+4	+12	+20
+44	+61	+29	+46	+72	+115	+185	+290	+460	±14.5	±23	±36	+5	+13	+22
+49	+69	+32	+52	+81	+130	+210	+320	+520	±16	±26	±40	+5	+16	+25
+54	+75	+36	+57	+89	+140	+230	+360	+570	±18	±28	±44	+7	+17	+28
+60	+83	+40	+63	+97	+155	+250	+400	+630	±20	±31	±48	+8	+18	+29

代号		M			N			P		R		S		T		U
基本尺寸								公差等级								
	至	6	7	8	6	7	8	6	*7	6	7	6	*7	6	7	*7
—	3	-2	-2	-2	-4	-4	-4	-6	-6	-10	-10	-14	-14	—	—	-18
3	6	-1	0	+2	-5	-4	-2	-9	-8	-12	-11	-16	-15	—	—	-19
6	10	-3	0	+1	-7	-4	-3	-12	-9	-16	-13	-20	-17	—	—	-22
10	14	-4	0	+2	-9	-5	-3	-15	-11	-20	-16	-25	-21			-26
14	18	-15	-18	-25	-20	-23	-30	-26	-29	-31	-34	-36	-39			-44
18	24	-4	0	+4	-11	-7	-3	-18	-14	-24	-20	-31	-27	—	—	-33
24	30	-17	-21	-29	-24	-28	-36	-31	-35	-37	-41	-44	-48	-37	-33	-40
30	40	-4	0	+5	-12	-8	-3	-21	-17	-29	-25	-38	-34	-43	-39	-51
40	50	-20	-25	-34	-28	-33	-42	-37	-42	-45	-50	-54	-59	-49	-45	-61
50	65	-5	0	+5	-14	-9	-4	-26	-21	-35	-30	-47	-42	-60	-55	-76
65	80	-24	-30	-41	-33	-39	-50	-45	-51	-37	-32	-53	-48	-69	-64	-91
80	100	-6	0	+6	-16	-10	-4	-30	-24	-44	-38	-64	-58	-84	-78	-111
100	120	-28	-35	-48	-38	-45	-58	-52	-59	-47	-41	-72	-66	-97	-91	-131

代号		M			N			P		R		S		T		U
基本尺寸		公差等级														
大于	至	6	7	8	6	7	8	6	7	6	*7	6	7	6	*7	*7
120	140	-8/-33	0/-40	+8/-55	-20/-45	-12/-52	-4/-67	-36/-61	-28/-68	-56	-48	-85	-77	-115	-107	-155
140	160									-58	-50	-93	-85	-127	-119	-175
160	180									-61	-53	-101	-93	-139	-131	-195
180	200	-8/-37	0/-46	+9/-63	-22/-51	-14/-60	-5/-77	-41/-70	-33/-79	-68	-60	-113	-105	-157	-149	-219
200	225									-71	-63	-121	-113	-171	-163	-241
225	250									-75	-67	-131	-123	-187	-179	-267
250	280	-9/-41	0/-52	+9/-72	-25/-57	-14/-66	-5/-86	-47/-79	-36/-88	-85	-74	-149	-138	-209	-198	-295
280	315									-89	-78	-161	-150	-231	-220	-330
315	355	-10/-46	0/-57	+11/-78	-26/-62	-16/-73	-5/-94	-51/-87	-41/-98	-97	-87	-179	-169	-257	-247	-369
355	400									-103	-93	-197	-187	-283	-273	-414
400	450	-10/-50	0/-63	+11/-86	-27/-67	-17/-80	-6/-103	-55/-95	-45/-108	-113	-103	-219	-209	-317	-307	-467
450	500									-119	-109	-239	-229	-347	-337	-517

附表15　几何公差分类、名称及符号

公差类型	几何特征	符号	有无基准	公差类型	几何特征	符号	有无基准
形状公差（6项）	直线度	—	无	位置公差（6项）	位置度	⊕	有或无
	平面度	▱	无		同心度（用于中心点）	◎	有
	圆度	○	无		同轴度（用于轴线）	◎	有
	圆柱度	⌭	无		对称度	=	有
	线轮廓度	⌒	无		线轮廓度	⌒	有
	面轮廓度	⌓	无		面轮廓度	⌓	有
方向公差	平行度	∥	有	跳动公差（2项）	圆跳动	↗	有
	垂直度	⊥	有		全跳动	↗↗	有
	倾斜度	∠	有		–	–	–
	线轮廓度	⌒	有		–	–	–
	面轮廓度	⌓	有		–	–	–

附表 16　直线度、平面度（摘自 GB/T 1184—1996）

主参数 L mm	公差等级											
	1	2	3	4	5	6	7	8	9	10	11	12
	公差值/μm											
≤10	0.2	0.4	0.8	1.2	2	3	5	8	12	20	30	60
>10~16	0.25	0.5	1	1.5	2.5	4	6	10	15	25	40	80
>16~25	0.3	0.6	1.2	2	3	5	8	12	20	30	50	100
>25~40	0.4	0.8	1.5	2.5	4	6	10	15	25	40	60	120
>40~63	0.5	1	2	3	5	8	12	20	30	50	80	150
>63~100	0.6	1.2	2.5	4	6	10	15	25	40	60	100	200
>100~160	0.8	1.5	3	5	8	12	20	30	50	80	120	250
>160~250	1	2	4	6	10	15	25	40	60	100	150	300
>250~400	1.2	2.5	5	8	12	20	30	50	80	120	200	400
>400~630	1.5	3	6	10	15	25	40	60	100	150	250	500
>630~1000	2	4	8	12	20	30	50	80	120	200	300	600

附表 17　圆度、圆柱度（摘自 GB/T 1184—1996）

主参数 L /mm	公差等级												
	0	1	2	3	4	5	6	7	8	9	10	11	12
	公差值/μm												
≤3	0.1	0.2	0.3	0.5	0.8	1.2	2	3	4	6	10	14	25
>3~6	0.1	0.2	0.4	0.6	1	1.5	2.5	4	5	8	12	18	30
>6~10	0.12	0.25	0.4	0.6	1	1.5	2.5	4	6	9	15	22	36
>10~18	0.15	0.25	0.5	0.8	1.2	2	3	5	8	11	18	27	43
>18~30	0.2	0.3	0.6	1	1.5	2.5	4	6	9	13	21	33	52
>30~50	0.25	0.4	0.6	1	1.5	2.5	4	7	11	16	25	39	62
>50~80	0.3	0.5	0.8	1.2	2	3	5	8	13	19	30	46	74
>80~120	0.4	0.6	1	1.5	2.5	4	6	10	15	22	35	54	87
>120~180	0.6	1	1.2	2	3.5	5	8	12	18	25	40	63	100
>180~250	0.8	1.2	2	3	4.5	7	10	14	20	29	46	72	115
>250~315	1.0	1.6	2.5	4	6	8	12	16	23	32	52	81	130
>315~400	1.2	2	3	5	7	9	13	18	25	36	57	89	140
>400~500	1.5	2.5	4	6	8	10	15	20	27	40	63	97	155

附表 18　直线度和平面度的未注公差值（摘自 GB/T 1184—1996）/mm

公差等级	基本长度范围					
	≤10	> 10～30	> 30～100	> 100～300	> 300～1000	> 1000～3000
H	0.02	0.05	0.1	0.2	0.3	0.4
K	0.05	0.1	0.2	0.4	0.6	0.8
L	0.1	0.2	0.4	0.8	1.2	1.6

附表 19　平行度、垂直度、倾斜度（摘自 GB/T 1184—1996）

主参数 L /mm	公差等级											
	1	2	3	4	5	6	7	8	9	10	11	12
	公差值/μm											
≤10	0.4	0.8	1.5	3	5	8	12	20	30	50	80	120
> 10～16	0.5	1	2	4	6	10	15	25	40	60	100	150
> 16～25	0.6	1.2	2.5	5	8	12	20	30	50	80	120	200
> 25～40	0.8	1.5	3	6	10	15	25	40	60	100	150	250
> 40～63	1	2	4	8	12	20	30	50	80	120	200	300
> 63～100	1.2	2.5	5	10	15	25	40	60	100	150	250	400
> 100～160	1.5	3	6	12	20	30	50	80	120	200	300	500
> 160～250	2	4	8	15	25	40	60	100	150	250	400	600
> 250～400	2.5	5	10	20	30	50	80	120	200	300	500	800
> 400～630	3	6	12	25	40	60	100	150	250	400	600	1000
> 630～1000	4	8	15	30	50	80	120	200	300	500	800	1200

附表 20　对称度未注公差值（摘自 GB/T 1184—1996）/mm

公差等级	基本长度范围			
	≤10	> 100～300	> 300～1000	> 1000～3000
H	0.5			
K	0.6		0.8	1
L	0.6	1	1.5	2

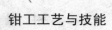

附表21　同轴度、对称度、圆跳动、全跳动（摘自 GB/T 1184—1996）

主参数 L /mm	公差等级											
	1	2	3	4	5	6	7	8	9	10	11	12
	公差值/μm											
≤1	0.4	0.6	1.0	1.5	2.5	4	6	10	15	25	40	60
>1～3	0.4	0.6	1.0	1.5	2.5	4	6	10	20	40	60	120
>3～6	0.5	0.8	1.2	2	3	5	8	12	25	50	80	150
>6～10	0.6	1.0	1.5	2.5	4	6	10	15	30	60	100	200
>10～18	0.8	1.2	2	3	5	8	12	20	40	80	120	250
>18～30	1.0	1.5	2.5	4	6	10	15	25	50	100	150	300
>30～50	1.2	2	3	5	8	12	20	30	60	120	200	400
>50～120	1.5	2.5	4	6	10	15	25	40	80	150	250	500
>120～250	2	3	5	8	12	20	30	50	100	200	300	600
>250～500	2.5	4	6	10	15	25	40	60	120	250	400	800

附表22　垂直度未注公差值（摘自 GB/T 1184—1996）/mm

公差等级	基本长度范围			
	≤10	>100～300	>300～1000	>1000～3000
H	0.2	0.3	0.4	0.5
K	0.4	0.6	0.8	1
L	0.6	1	1.5	2

附表23　圆跳动未注公差值（摘自 GB/T 1184—1996）/mm

公差等级	圆跳动公差值
H	0.1
K	0.2
L	0.5

四、常用材料及热处理名词解释

附表 24　常用钢材

名　称	钢号	主　要　用　途
普通碳素结构钢	Q215 Q235	强度较低，但塑性、焊接性好，常用作各种板材及型钢，制作工程结构或机器中受力不大的零件，如螺钉、螺母、垫圈、吊钩、拉杆等；也可制作不重要的渗碳件
	Q275	强度较高，可制作承受中等应力的普通零件，如紧固件、吊钩、拉杆等；也可经热处理后制作不重要的轴
优质碳素结构钢	15 20	强度较低，但塑性、韧性、焊接性和冷冲性都很好，用于制作受力不大，但要求韧性高的零件、渗碳件、紧固件，如螺栓、螺钉、拉条、法兰盘等
	35	有较好的塑性和适当的强度，用于制造曲轴、转轴、摇杆、拉杆、链轮、键、销、螺栓、螺钉、螺母、垫圈等
	40 45	用于要求强度较高、韧性要求中等的零件，通常进行调质处理，用于制造齿轮、齿条、链轮、凸轮、轧辊、曲轴、轴、活塞销等
	55	经热处理后有较高的表面硬度和强度，用于制作齿轮、连杆、轧辊、轮圈等
优质碳素结构钢	65	一般经中温回火后具有较高弹性，用于制作小尺寸弹簧
	15Mn	性能与15钢相似，但淬透性好，用于制作芯部力学性能要求较高，且需渗碳的零件
	65Mn	性能与65钢相似，用于制作弹簧、弹簧垫圈、弹簧环和片、发条等
合金结构钢	20Cr	用于较重要的渗碳件，制作受力不大、不需强度很高的耐磨件，如机床齿轮、齿轮轴、蜗杆、凸轮、活塞销等
	40Cr	用于制作要求力学性能比碳钢高的重要的调质零件，如齿轮、轴、曲轴、连杆螺栓等
	20CrMnTi	强度高、韧性好，经热处理后，用于制作承受高速、中等或重负荷、冲击、易磨的重要零件，如汽车上的重要渗碳齿轮、凸轮等
	38CrMoAl	渗氮专用钢种，经热处理后用于要求高耐磨性、高疲劳强度和高强度且热处理变形小的零件，如镗杆、主轴、齿轮、蜗杆、套筒、套环等
	50CrVA	用于 $\varphi 30 \sim \varphi 50$ mm 的重要的承受大应力的各种弹簧，也可用于制作大截面的温度低于 $400℃$ 的气阀弹簧、喷油嘴弹簧等
铸钢	ZG200-400	用于受力不大，要求韧性高的各种形状的零件，如机座、箱体等
	ZG230-450	用于 $450℃$ 以下工作条件的铸件，如汽缸、蒸汽室、汽阀壳体、隔板等
	ZG270-500	用于制作各种形状的零件，如飞轮、机架、水压机工作缸、横梁等

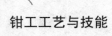

附表 25　常用铸铁

名　称	牌　号	主　要　用　途
灰铸铁	HT100	用于低载荷和不重要的零件，如盖、罩、手轮、支架等
	HT150	用于承受中等应力的零件，如机床底座、工作台、汽车变速箱、泵体、阀体、阀盖等
	HT200 HT250	承受较大应力和较重要零件，如刀架、齿轮箱体、床身、油缸、泵体、阀体、缸套、活塞、齿轮、皮带轮、齿轮箱、轴承盖和架等
	HT300 HT350 HT400	用于承受高弯曲应力、拉应力的重要零件，如高压油缸、泵体、阀体、齿轮、车床卡盘、剪床和压力机的机身、床身等
球墨铸铁	QT400-15 QT450-10 QT500-7 QT600-3 QT700-2	可代替部分碳钢、合金钢，用来制造一些受力复杂，强度、韧性和耐磨性要求高的零件。前两种牌号的球墨铸铁，具有相对较高的塑性和韧性，常用来制造受压阀门、机器底座、汽车后桥壳等；后两种牌号的球墨铸铁，具有较高的强度与耐磨性，常用于制造拖拉机或柴油机中的曲轴、连杆、凸轮轴、各种齿轮、机床的主轴、蜗杆、蜗轮、轧钢机的轧辊、大齿轮、大型水压机的工作缸、缸套、活塞等
可锻铸铁	KTH300-06	具有较高的强度，用于制造受冲击、振动及扭转负荷的汽车、机床等零件
	KTZ550-04 KTB350-04	具有较高强度，耐磨性好，韧性较差，用于制造轴承座、轮毂、箱体、履带、齿轮、连杆、轴、活塞环等

附表 26　常用有色金属

名　称		牌　号	主　要　用　途
铜合金	普通黄铜	H62	用于制作销钉、铆钉、螺钉、螺母、垫圈、弹簧等
		H68	用于制作复杂的冷冲压件、散热器外壳、弹壳、导管、波纹管、轴套等
		HT90	用于制作双金属片、供水和排水管、证章、艺术品等
	特殊黄铜	HPb59-1	适用于仪器仪表等工业部门用的切削加工零件，如销、螺钉、螺母、轴套等
	铸造黄铜	ZCuZn38	用于制作耐蚀零件，如阀座、手柄、螺钉、螺母、垫圈等
	压力加工青铜	QSn4-3	用于制作弹性元件、管配件、化工机械中耐磨零件及抗磁零件等
		QSn6.5-0.1	用于制作弹簧、接触片、振动片、精密仪器中的耐磨零件

名　　称		牌　号	主　要　用　途
铜合金	铸造青铜	ZCuSn5PbZn5	用于制作中等速度和中等载荷下工作的轴承、轴套、蜗轮等耐磨零件
		ZCuAl9Mn2 ZCuAl10Fe3	用于制作要求强度高、耐蚀性好，气密性要求高的零件，如衬套、齿轮、蜗轮等
铝合金	铸造铝合金	ZAlSi7Mg (ZL101)	用于制作承受中等载荷、形状复杂的零件，如水泵体、汽缸体、抽水机和电器、仪表的壳体
		ZAlSi12 (ZL102)	用于制作复杂的砂型、金属型和压力铸造、低负荷零件，如抽水机、仪表的壳体等
		ZAlSi12 Cu2Mg1 (ZL108)	用于制作砂型、金属型铸造的、要求高温强度及低膨胀系数的高速内燃机活塞及其他耐热零件

参考文献

[1] 辛长平，左效波. 机械装配钳工基础与技能 [M]. 北京：电子工业出版社，2014.

[2] 郑兴夏. 金属零件手工制作与测量 [M]. 北京：高等教育出版社，2016.

[3] 苏华礼，徐铭. 金工实习 [M]. 长春：吉林大学出版社，2010.

[4] 徐彬. 钳工技能鉴定考核试题库 [M]. 2 版北京：机械工业出版社，2014.

[5] 许光驰. 机械加工实训教程 [M]. 北京：机械工业出版社，2013.

[6] 王晓君. 钳工（中级）国家职业技能鉴定考核指导 [M]. 北京：中国石油大学出版社，2016.

[7] 陈刚，刘新灵. 钳工基础 [M]. 北京：化学工业出版社，2014.

[8] 汪哲能. 钳工工艺与技能训练 [M]. 北京：机械工业出版社，2014.